幸福人生的舍得大智慧

会活的人，或者说取得成功的人，其实懂得了两个字：舍得。不舍不得，小舍小得，大舍大得。

幸福人生的

舍得

大智慧

彦靖◎编著

小溪舍弃林间的清幽，是为了奔向辽阔的大海；

树叶舍弃枝头的热闹，才回归大地的怀抱；

心灵舍弃尘世的喧嚣，方可得到一片宁静。

研究出版社

图书在版编目（CIP）数据

幸福人生的舍得大智慧 / 彦靖编著.
— 北京：研究出版社，2013.1（2021.8重印）
ISBN 978-7-80168-749-4

Ⅰ.①幸
Ⅱ.①彦
Ⅲ.①人生哲学－通俗读物
Ⅳ.①B821-49

中国版本图书馆CIP数据核字（2012）第307061号

责任编辑：之　眉　　**责任校对：陈侠仁**

出版发行：研究出版社
　　　　　　地　址：北京1723信箱（100017）
　　　　　　电　话：010-63097512（总编室）　010-64042001（发行部）
　　　　　　网址：www.yjcbs.com　E-mail: yjcbsfxb@126.com
经　　销： 新华书店
印　　刷： 北京一鑫印务有限公司
版　　次： 2013年4月第1版　2021年8月第2次印刷
规　　格： 710毫米×990毫米　1/16
印　　张： 14
字　　数： 205千字
书　　号： ISBN 978-7-80168-749-4
定　　价： 38.00元

前言
FOREWORD

　　人生就是一个不断选择的过程，而选择就意味着有所舍、有所得。不大可能鱼和熊掌兼得，在选择某个事物的同时，就需要放弃另外的一些事物。我们必须做出选择，必须有所取舍，这个过程虽然看似残酷，但确是现实。如果不拥有取与舍的智慧，不懂得应该如何取舍，就不可能拥有成功快乐的人生。

　　面对这个纷繁复杂的世界，站在让人眼花缭乱的十字路口，要想做出正确的选择，首先需要保持一种宠辱不惊的良好心态来应对可能出现的任何变化。在做出一个选择之后就必然会有变化。如果没有做出正确的选择，出现的变化可能就是不愿意接受的。这就需要拥有乐观豁达的心态，对于可能出现的失败结果有一个良好的心理准备。

　　一个人要想真正获得快乐的人生，就需要能够看淡失去的东西，同时又能够珍惜拥有的东西，这样才是一种智慧的生活方式。另外，我们也要学会不要期望过高，对于那些得不到的要学会放手，尽管心里可能非常不舍，不过也是必然要放弃的。我们要做到能够平和接受一切，而不要因一点小挫折而一直忿忿不平。

　　舍弃与得到也是相辅相成的，或者从某种角度来说，舍弃也是一种获得，获得也是一种舍弃。舍弃也好，得到也好，最重要的是要有一种能够拿得起放得下的风度。真正活出自我的风采，潇洒、豁达，而不是被一些无谓的世事所羁绊。只有做到这一点，才不会患得患失，喜怒无常；只有做到这一点，才能具有真正的吸引力，从而获得令人羡慕的成功与幸福。

　　关于舍与得，中间有一个尺度是需要把握的。不要期望自己能够得到很多，也不要不舍得放弃一些东西。只有真正地看淡得失，并把握好中间的尺度，才能敲开一扇能让自己走进去的幸福大门。

无论是得或失，都不要抱怨，成败得失都是自然现象，而人生不过是匆匆几十年，与其把时间浪费在抱怨之中，不如主动去追求属于自己的幸福快乐。

　　选择是决定人生幸福的重要一课。对于这门课程一定要好好掌握，不要给自己太大的压力，否则只能让自己不堪重负。也不要不舍得放弃，有放弃才有所得。

　　非淡泊无以明志，非宁静无以致远，无论最终结果如何，调整好自己的心态才是最重要的。

　　人生其实就像是一个登山的过程，我们当然要以达到山顶为目标，不过也不要错过了沿途的美丽风景。生命中，每个过程的风景都是无限美好的，让我们学会享受它们。

目 录
CONTENTS

第一章 舍弃过多欲望，别让欲望冲昏头脑

欲望是双刃剑，太少没有动力，太过又容易丧失理性，容易犯错误。所以，要学会合理控制自己的欲望，把握好这个度。记住，我们一次只要打到一只鸟就行了。如果总是追着满林子的鸟跑，那么最终我们一只也打不到。

第二章 不必苛求完美，完美只是一厢情愿

人们总是喜欢完美的，也总是追求完美。这种心理当然也不能说不好，追求完美可以让我们永远不会自我满足，永远有一种向上的动力。不过，对于完美的追求是要有一定限度的。我们要认识到，这个

世界上根本没有完美存在。完美只是我们大脑中的一种理想状态，这种状态虽然美好，值得我们去追求，却不值得们为它付出一切。如果对于不切实际的完美过于苛求，只会让我们的人生更加不完美。

第三章　　名利乃身外之物，不可过分求之

人活着主要就是为了满足自己各种各样的欲望。而在所有的欲望当中，名和利是多数人一生都在追求的东西。从正面角度讲，名代表了这个人的成就和他受欢迎的程度，会成为一个人奋斗的动力；利代表了一个人付出后的回报。不过，人们的错误在于把名和利当作了人生的全部主题，而忽略了其他一些对于我们的人生更加重要的东西。

第四章　心急干不成大事情

任何事物的成功都有一定的过程，这个过程需要你耐心地走过，谁也别指望一口吃成个胖子。很多人无法忍受在目标实现之前的漫长过程，总是期待自己的目标能马上实现。可是这并不现实，因为很多成就是经过长时间的努力、磨练才取得的。

第五章　做人别太张扬

每个人都有非常强烈的表现欲，总是希望能够在大家面前出出风头。不过，我们要明白，人也都是有嫉妒心的。大家都希望自己比别人强，出于一种嫉妒的心理，就可能对别人心怀不满。所以，我们做人还是要低调一点，在表现自己之前一定要好好地评估一下。

第六章　不要把怨恨挂在心头不放

人们总是对自己非常宽容，对别人却很少有人能够做到这一点。人们总是对仇恨耿耿于怀，所以这个世界上总是有很多纷争。可是，我们想一下，怨恨别人又有什么好处呢？这样真的能够让你得到快乐么？答案是否定的。

第七章　随遇而安，淡定生活

生活总是有很多不如意的地方，这是每个人都要遇到的。于是，我们就会抱怨生活，觉得自己过得不快乐。其实使我们不快乐的并不是这些不如意的事情，而是情绪本身。如果我们能够换一个角度来看待生活中的不如意，能够随遇而安，只是把它们当作一个生活的经历，而不对它斤斤计较，那么，就会发现，你的生活会轻松很多。

第八章　做人拿得起，遇事放得下

拿得起，放得下，才是一种真正的人生智慧，也是一种豁达大度的风范。人的一生，总是有很多失败，也有很多无奈。有很多东西，我们不愿意放弃，却常常非放弃不可；不想接受，却不得不面对。

第九章　为自己活着，生活不是给别人看的

我们总是喜欢崇拜那些成功的人，我们也总是追求时尚。并不是说这样做不好，至少在追求之中，我们自己也得到了提高。一个

人能力有大有小，不过我们并不能因为自己能力小就成为别人的影子。我们向别人学习是为了更好地提高自己，学会做最真实的自己，无论任何时候一定要记住这一点。

第十章　打发烦恼，让快乐走进生活

生活中总有许多烦恼，我们也因为各种各样的烦恼无法快乐地生活。当然，也有很多人生活得非常快乐，这并不是因为他们的运气比我们好，没有遇到过什么烦恼。而是因为他们在遇到烦恼之后有办法克服它，重新让自己快乐起来。

第一章
舍弃过多欲望，别让欲望冲昏头脑

欲望是双刃剑，太少没有动力，太过又容易丧失理性，容易犯错误。所以，要学会合理控制自己的欲望，把握好这个度。记住，我们一次只要打到一只鸟就行了。如果总是追着满林子的鸟跑，那么最终我们一只也打不到。

1. 理性地看到自己的需要

人生的最大的智慧是一个人能真正了解自己到底需要什么，到底需要放弃什么。人一生下来就有各种各样的欲望，而一个人的正当的欲望也都是合理的。不过人类的苦恼就在于追求的东西太多了，从而自己也活得非常累，因为过多的欲望无疑是为自己的生活套上了一个沉重的枷锁，从此自己的行动再也无法自由，身心再也无法轻松。而对于一个由于欲望太多而已经丧失了心灵自由的人而言，何谈幸福，何谈成功，何谈快乐？所以，我们只有理性地克制自己，抛弃那些过多的欲望枷锁，抵制这个花花世界里那些过多的诱惑，才能找到一个自由的自我，从而获得事业的成功，并找回幸福的生活。

所谓理性的克制就是最大限度地克制自己过多的欲望，当你看到花开百朵时，而你却只折一枝，并没有把它们全部折完，即使这样你也已经芳香满襟袖了。所谓知足常乐，人生之所以不幸福，并不是我们获得的太少了，而是因为我们永远不知足，而幸福的生活首先就在于有一个知足的心态。可是，对于我们大部分人来说，这一境界是很难实现的，因为在现实的生活中，我们面临的诱惑太多，我们自己的欲望也太多了，所以人要知足总是很难的。

在现实生活中，形形色色的人们每天总是带着各种各样的欲望在这个世界上奔波，永远没有清闲的时候。而当一个人的欲望越来越膨胀的时候，他也就越来越不能让自己轻松，最后才发现自己已经不堪重负了。这个时候也懂得了人生应该知足的道理，不过在这个时候已经晚了。

很多古圣先贤都教导我们要克制自己的欲望，因为过多的欲望其实就是人生获得成功与幸福的最大障碍。而我们之所以会感到事业不成功，生活不幸福，最终的原因也是因为我们有太多的欲望无法得到满足。

也就是因为我们个人的贪欲之心太重了，所以我们才会时时感到自己不成功不幸福，总是有这样那样的种种的苦恼。也正如哲人中所说的那样："多欲之人，多求利故，苦恼亦多。"这句话意思非常直白，也就是说如果我们每天总是想着那些我们没有实现的种种的欲望，每天总是对于那些欲望进行永无休止的追求，那么我们的苦恼将永远没有尽头。而最终的结果是我们已经丧失了奋斗的勇气，并且已经造成了心理上的贫穷，我们感到自己的人生没有希望了，也没有幸福可言了。因为我们已经知道自己的欲望太多太大了，而我们自身的能力又太有限了，以至我们的欲望永远没有实现的一天，所以我们只有最终苦恼颓废下去。

2. 贪念越大，失去的越多

任何事都要讲究一个度，有一定的欲望并不一定是坏事情，它是我们人生前进的动力。而如果我们欲望过多，那么最终会变成人生的负担，甚至是人生的灾难了。我们可以看一下下面这个故事。

古时候有一个农夫，在一次偶然的机会竟然发现了一个深不见底的山洞。而这个时候他强烈的好奇心促使他放弃了立马回家的打算，于是一步一步地往这个山洞的里面走。刚开始的时候非常黑暗，什么也看到不到，然而当他走到一半的时候，突然，出现了一大堆珠宝，并且越往里面走，珠宝越多，最后他发现这里竟然有一个琳琅满目的宝库。

他的心里兴奋到了极点，天哪，这不就是人们常说的那个大宝藏吗？原来村子里的人一直传说附近有一个宝藏，不过几十年来谁也没有发现过，于是人们纷纷怀疑这个传说的真实性。没想到自己运气这么好，竟然在无意之中发现了这个大宝藏。这个农夫当然非常高兴，他还从来没有见过这么多的财富，他觉得自己从此就要摆脱早出晚归的辛苦日子了。于是他非常小心地从不计其数的珠宝里面拿出了一颗小小的珍珠，并且自言自语说："其实我应该感谢那个让我给他种地的老财主，因为如果不是他的话，我可能一辈子也发现不了这么多的财富。现在一颗珍珠应该有几十两银子吧，这也就够了，几十两银子已经够我生活下半辈子了，我还是把这个情况告诉那个老财主吧。"于是他又走出了这个山洞，并且始终没有回头，而是不断地对自己说："够用了，够用了。"

　　他接下来就不慌不忙地回到那个老财主的家，然后又一五一十地将宝藏的情况如实告诉了那个财主。刚开始的时候那个老财主根本不信，于是他又把他自己刚刚从那里捡到的那个珍珠拿出来给财主看，老财主一看，眼里发出了十分贪婪的光芒，因为他一看就知道这个珍珠至少值上千两银子，于是他急切地问农夫这个有宝藏的洞到底在哪里。农夫也没有隐瞒，如实地把这个洞的大体方位说出来了，刚开始这个财主并不相信，因为他不相信这个世界上有像农夫这样笨的人，竟然不自己独吞这个宝藏，还把宝藏的秘密告诉给别人。不过财主实在不愿意有别的人把这个宝藏在他之前拿走，于是他马上带领自己的管家与所有的下人立刻出发。当然，为了防止这个农夫骗他，他特意装作不知道那个具体方位，直接让这个农夫来带路。

　　农夫性格非常淳朴，哪里会想到那么多，于是就老老实实地把这个财主带到了那个山洞里。当这个财主看到了那个珠宝无数的宝库之后，兴奋得不得了。而这个时候那个农夫竟然自己走开了，老财主当然非常开心，没有任何意见，因为他早已经决定，就算他不走，他也要想个办法把农夫支走的，而现在这个家伙竟然自己走了，他当然更加开心了。于是他赶紧把那些金子往自己的衣袋里使劲地装，一个装满了又赶紧装下一个，甚至把自己的衣服脱下来装，当然他也忘不了让那些一起和他进来的管家和手下拼命装。

　　他们这样一直装了四个多小时，竟然还没有装完，这个时候天已经快黑了。忽然他们听到洞里竟然有人发话了："人啊，千万不要让欲望过多了，应该知道适可而止，赶紧出去吧，天一黑，这个山洞的山门就关了，那个时候你不仅得不到一点财富，甚至连你的性命也无法保全了。"

　　可是这个财主根本就听不进去，因为他想这只是埋宝藏的人在故意迷惑找到这个宝藏的人，而且这个山洞根本没有什么山门，并且山洞里面这么空阔，这么结实，根本不可能坍塌的。更何况这里面可全是真正的金子和财宝啊，他挣钱挣了大半辈子，也没有见过这么多的财宝，现在不拿白不拿，自己不拿，早晚别的人会拿走，现在累一点没关系，等到出去之后自己就不是土财主了，而是真正的富可敌国的大富翁了。于是，这个财主根本不理那些话，还是不停地装运珠宝，他的手下已经有一些人开始相信那个神仙的话语了，已经开始走了。

　　财主觉得走了也好，省得分我的财宝，并且在心里暗自嘲笑他们的愚蠢。于是，他下令还没有走的那些人，赶紧搬运，一定要把这里的所有财宝全部搬空。谁知道他刚说完这句话，竟然凭空响起了一阵轰隆隆的雷声，整个山洞随之地动山摇。而在这之后，整个山洞竟然在地上裂开了一条大缝，并且从地下冒出来数不尽的岩浆。这个时候财主也根本没处可逃了，很快就被岩浆吞没了，于是这个财主和他那些贪心的手下就这样丢掉了自己的性命。

一部电视剧里有一句话说得非常好：人觉得活着很累，是因为自己的欲望太多了。这句话是非常中肯的，不过任何事也都有两面性，欲望并不是万恶之源，过度的欲望才是罪魁祸首。因为如果人没有一点欲望的话，那么人活着也就没有任何意义了。并且，其实任何人的人生也不可能完全没有欲望，欲望是人生的不断奋斗的动力和所有梦想实现的希望。米兰·昆德拉就这样说过："其实人的欲望是一种真正的美！"当然，他这里所说的欲望是一个合理的欲望，而不是过度的欲望，因为他知道，适当的欲望不是罪过，而是人生成功的原动力。

3. 只有克制欲望，才能把握幸福

在生活中，我们有这样那样的欲望。有欲望也不是错，关键我们要学会正确对待自己的欲望，学会区分哪些欲望是应该有的，哪些欲望是应该去除的。我们应该明白，在我们所有的欲望当中，一个健康的身体，一个幸福的家庭，一些真诚的朋友，一分稳定的收入，一些必要的资产，等等……这些都是一个人能够感到人生幸福的必要条件，这些当然是我们应该主动追求的。这里的关键是我们要把自己的欲望控制在一个合理的范围之内，而不要让自己的欲望把心装得太满，以致没有一丝自由的空间。那么现在的人生的真正的难题出现了，我们到底该怎样把握好这个度呢？

下面我们可以对这个问题进行具体的探讨。首先，我们来说一下金钱。这是很多人关心的问题，实际上，大多数人一生的也就是"金钱"两个字。金钱当然十分重要，可以说我们每个人的生活都离不开，然而金钱绝对不是幸福的所有内容。人应该追求金钱，不过人也应该明白，我们也没有必要花那么多的时间在追求金钱上，只要够用就足矣，其实人生除了追求金钱，还有更多的事情值得我们去追求，实在没必要只是为了增加自己的金钱，而失去那些更重要的和爱人、家人、朋友们在一起的更加快乐而有意义的时光。

一个人的最大的智慧是他已经能了解自己真正需要什么，真正要为哪些事付出精力和时间。而他也知道他应该放弃什么，或者根本已经不需要什么了，这样他每天做的事情对于他也就有了非常大的意义，他也就会有更多的幸福感。因为他也明白，这个正当的欲望是非常合理的，并且也是通过他的努力能够实现的，但是如果他的欲望太大，追求的东西太多的话，那无疑他将永远没有实现自己愿望的那一天。那样是为自己的人生套上了一个永远打不开的枷锁，从此自己的心灵无法自由的呼吸，每天总是生活在担忧和失望里，那么他的人生还有什么快乐可言？所以，一个人只有首先抛弃了那些过多的欲望的羁绊，才能活得更加洒脱，也才能获得真正幸福的生活！

我们都有这样一个常识，做事的时候希望越大，那么如果没有实现的话，带来的失望和挫折感也就越大，心里的不幸福感也就越大。有时就算你经过千辛万苦真正地得到了自己想要的东西，可是那个时候你的满足感也只存在于欲望达成的那一瞬间，而当那个辉煌的时刻过去之后，你就又感到非常失望了。因为你的目标已经实现了，你又会感到人生没有了目标，更加无聊了，很有可能颓废下去。

可见，一个人的不恰当的欲望不仅不能让人感到长久的快乐，相反会让这个人感到空虚和失落，甚至有可能让他陷入一个生存的不稳定状态中，随时可能产生各种严重的后果。而且，如果当一个人的欲望已经强烈到一种疯狂的病态时，他可能做起事情来根本不想后果，甚至可能通过各种阴险的手段来伤害别人从而达到自己的目的，这个人最终的结果也是众叛亲离，从此孤独一生。

在对于欲望的具体控制中，我们可以采取下面这些方法来克制贪欲之心。

第一，可以对自己的各种需求进行一个合理的分类。把那些我们一直想要的东西分为两大类，一类为"生活的必需品"，一类为"生活的非必需品"。对于那些必需品，我们当然要全力以赴地追求，而对于那些非必需品，我们在追求时就要考虑一下，这种东西值不值得我追求，我如果追求，应该花多少时间追求。

第二，要学会调节那种克制自己的欲望的心理失落感。因为我们的第一情感倾向希望自己的欲望得到满足，当欲望由于各种条件无法得到满足的时候，心里就会感到非常失落。而这个时候我们要学会对这个心理进行合理的调节，我们可以尝试多种多样的方法进行调节。比如，如果真的非常喜欢一件衣服，而自己实在又没有能力支付的话，可以经常去那个商店看这件衣服。慢慢我们就会发现，其实这种看的感觉比我们自己真正买回来的快乐更加持久。因为在看的时候，我们可以进行各种美好的想象。

第三，要学会对羡慕和嫉妒心理的调节。特别是当别人拥有一个我们没有的东西的时候，或者获得了一笔意外之财，我们往往这个时候会非常嫉妒别人的好运，感叹自己的不幸。而这个时候就要告诉自己，其实我并不比他差多少，虽然他拥有的一些东西和一些才能我确实没有，但是我身上拥有的东西和我自己独特的才华他也没有。

而我们也要永远地记住，人的生命就像一个登山的过程。登山的过程中是不能带太多包袱的，因为如果负担过重的话，根本无法达到山顶。要想真正登上那个人人羡慕的高峰，就要在出发之前，把那些没有必要的包袱统统扔掉，把那些过多的欲望统统放下，这样才能轻装上阵，最终到达那个辉煌的山顶。

第四，要时时地告诫自己，别人希望得到的东西不是一定能够给我们带来幸福。所谓得之不求，求之不得，你的幸福是你自己真实感到的幸福，而不是别人眼中的幸福。你要明白你并不是活给别人看的，只有真正地明白自己想要什么，哪些是可以放弃的，哪些是应该追求的。做到知福惜福，知足常乐，才可以说已经获得了人生的真正幸福。

放弃其实是一种节制。很多时候，我们必须克服自己的自私心理，学会分享自己的果实。比如当我们拥有五个香蕉的时候，最好不要一次性地将它们全部吃掉。如果一次性地把五个香蕉全都吃掉的话，实际上却只是尝到了一种味道，并且吃过多的水果对于我们的身体来说并没有任何好处。如果能够放弃自己的这种自私心理，把那五个香蕉中的四个拿出来送给自己的朋友吃，那么在表面上好像失去了四个香蕉，实际上通过这个动作却得到了其他四个人的友情和好感。

实际的收获可能不仅仅如此，或许以后这些朋友会给我们带来更大的帮助，这个时候我得到的东西将更多。而其实我的这种行为也会对别人造成影响，因为别人这次吃了我的水果，那么下次当别人有了别的水果的时候，他也会选择和朋友们一起分享。这样的话，我可能就会从这个人手里得到一个苹果，在那个人手里得到一个杏，最后我有可能就得到了五种以上的水果。而事实上我也只是把原先的五个香蕉进行了一下分享，结果却得到了五种不同的味道，当然更重要的是收获了五个人的友谊。这个故事虽然简单，道理却是非常深刻的。所以人们要学会在自己拥有一些东西的时候和别人一直分享，这个过程刚开始的时候当然是放弃，不过最终的结果却是收获，并且我们最终收获的可能是更加重要和更加丰富的东西。所以放弃并不是扔掉。

每个人的人生也犹如一场戏，这场戏里面，我们自己既是主演又是导演，而这场戏最终的结局也是和我们在剧中的表现息息相关的。而在我们的演出过程中只有学会选择，学会放弃，才能真正地看淡得失，从而彻悟人生的真谛。当然这个时候我们也会觉得眼前的道路不再迷茫，而是有一种海阔天空式的豪迈与豁达。

当我们学会了选择的时候，也就意味着明白了哪些才是真正想要并且能够得到东西，也就等于学会了高瞻远瞩，审时度势，把握时机，从而最终赢得了成功的最大可能。当我们学会了如何放弃的时候，也等于知道了哪些东西对于人生是可有可无的，甚至是起相反作用的，而为了实现最终的成功，我们顾全大局地果断将之舍去，其实也就活出了人生的潇洒与豁达，暂时的放弃并不是失去，而是为了更大的获得。所以每当我们对于一个目标已经努力了好久却仍然没有进步，感到无所适从的时候，放弃或许是此时最好的选择。与其我们虽然经过百般努力，成功对于我们还是遥遥无期，那么我们不如换个方向重新上路，尽管可能我们要重新开始，不过这个过程可能更加适合我们，我们每走一步都会感到无比惬意，而不是寸步难行。

还有，我们要学会一种对于得与失有一种平和的心态。付出固然不一定有收获，但是如果不付出必然没有收获。所以对于一些突如其来的便宜，我们这个时候一定要能够果断放弃自己的那种不劳而获的心理，天下没有免费的午餐，任何表面上的便宜背后实际都隐藏一种更大的陷阱，尽管我们有的时候并没有看出来。不过要明白，既然是陷阱那么绝对不可能让我们轻松地看出来，可能等到看出来的时候已经晚了。

还有，我们在面临那些可有可无的事情的时候，也要学会尽早丢弃。因为每个人的精力是有限的，我们的时间应该花在那些对于成长最有帮助的事情上，而不是在一些徒劳无功的事情上浪费精力。特别是暂时取得小小的成功的时候，进行庆贺是无可厚非的，不过要明白这些已经获得的东西都已经是过去的，我们需要赶快向前看。人生之路还长着呢，还有更多的目标等待我们去实现呢。

4. 诱惑是鱼饵，万不可张口去咬

有些时候，我们之所以不能成功，不是因为没有目标，不是因为没有天赋，也不是因为没有努力，更不是因为没能坚持，而是因为我们受到了太多的诱惑，以至于不能专注。在这个追求目标的过程中，我们的精力分散了，有太多的东西想得到了，最终反而两手空空，什么也没有得到。

人的一生就像爬山，一路上太多的风景是那么地迷人。在这个过程中你可以看到有鲜花与绿草，还有飞鸟与瀑布，有的时候还有落日与彩虹，然而最美的风景永远在山的最高处，最开阔的风景也在山的最高处。只有攀登至顶点的时候，才能够领略"一览众山小"的壮丽。当然这个过程是一个非常漫长而艰难的过程，因为你要达到顶点，就必须比别人忍受更多的寂寞。你不能一味贪恋路途中的美景而忘记你的最终目标在最高处，当别人在欣赏美景的时候，你却必须去克服一路上的种种诱惑，忍受在到达最高峰之前的那漫长的寂寞。

在现实中，这个道理也同样适用。有获得必然有舍弃，没有人能够享受所有的美景与辉煌，在这个方面成功必然是在别的方面不成功，在这个方面辉煌也必然是在别的方面寂寞，在这个方面呼风唤雨必然是在别的方面默默无闻。

一个人要想拥有"山花烂漫日"的独自丛中笑的快乐，就不能痴迷于眼前的金钱名利，时时刻保持冷静的头脑，不可因为一时的诱惑而放弃了自己高远的目标。还要能够沉着应对各种变化，因为有的时候计划赶不上变化，如果出现了一些你原来没有预料的情况，你又可能要改变自己原来的计划了，而这对于你那个高远目标的达成显然是非常不利的。

特别是当一个人经过一个时期的努力已经小有成就的时候，要做到仍然不被诱惑是非常困难的一件事。因为在这个时候，通常会有很多鲜花和掌声簇拥着他，所有的荣誉和光环也会一直陪伴在左右，别的人在看到他时也会是一种羡慕的眼光，于是感觉自己真的了不起了，成了一个明星式的人物了。而其实这个时候往往是最危险的，如果稍不留心，就会被名利和一时的小小成功的诱惑而开始自我陶醉，觉得自己如何如何了不起。于是没有斗志了，开始天天享受了，而那些刚刚取得的成就也毁于一旦，甚至再想翻身已经发现是难上加难了。

一个人要想最终获得巨大的成功，只有在奋斗的道路上，保持一种始终如一和坚持不懈的执着精神。因为只有这种人才能抵制住在生命过程中林林总总的诱惑，也因为人们总会遇到这样那样的诱惑，如果无法抵制这些诱惑，根本无法成功。那些意志最坚强的人能够抗拒这些诱惑，从而真正地到达成功的彼岸。而那些虽也有一定斗志去却不是很坚定的人，往往会留下一些诸如行百里者半九十的遗憾，在最接近成功时刻放弃了，所有的努力就因为没有往坚持不到最后而功亏一篑了，让人感到可怜可叹。

让我们来看下下面这个小故事。说的是有这样一群猩猩，它们非常喜欢喝酒，喜欢穿人类的鞋子模仿人走路。当然，在刚开始的时候，这本也只是它们的一种爱好而已，根本也无可厚非，在它们看来只是增加了一些生活的乐趣而已。但是猎人却不这么想，他通过这一观察想到了一个巧妙的主意。而它们没想想到的是自己的这个原本并没有什么大不了的爱好竟然成了一个葬送自由的祸根。原来猎人根据这个特点想到了一个非常高明的方法，他们故意在猩猩经常路过的森林中摆放了一些美酒和人类的鞋子，然后吸引猩猩上钩。每当猩猩看见后，它们马上就会来喝酒，然后又穿上人类的鞋子大摇大摆地走路，很快就被猎人抓住了。后来的猩猩虽然心知肚明那是猎人的陷阱，还是抵御不住内心的诱惑，最终也是穿上了人类的鞋子并且开始喝得酩酊大醉，这样也没有机会逃走了，所以最后也被猎人所逮捕了。

当然，这本来也是一则寓言，你可能觉得故事非常可笑，可是这个故事的含义也是非常深刻的。因为在现实中像猩猩那样经受不住诱惑的人可以说数不胜数，比比皆是，而一些因为禁不住诱惑而上当受骗的人也不计其数，甚至有很多人因为这些而丧失了自己的生命。

人生在世，难免一辈子会面临着形形色色的诱惑。诱惑就像鸦片一样，虽然能够让人感到一时的快活，然而却是有毒的，一旦上瘾就会被麻痹，甚至自此之后难以自拔，最终毁掉一生。不过它是那样的诱人，使人无法抵挡它的诱惑，甚至很多时候，明明知道那是一个陷阱，自己还是会掉进去的，而这个时候悲剧也就上演了。虽然，人们对于各种诱惑的危害心知肚明，可是实际中大多数人还是会经受不住迷人的诱惑而深陷于其中，无论别人怎么劝说自己也没有丝毫作用。

而直到自己深受其害、积重难返时，可能才最终醒悟了，不过这个时候事情已经无法改变，再后悔也来不及了。

有的诱惑是无害的，但也需要拒绝，以避免它分散精力。百度的发展是个例子，它从1999年成立起，在短短十年间已经成为中国应用最广泛的中文搜索引擎，上网的人基本上没有不知道百度的，而百度总裁李彦宏更是成为商界呼风唤雨的人物。然而许多人不知道的是，百度的发展也是历经了许多艰难与挫折，并且在这个过程中也受住了种种诱惑。因为当时中国的互联网一片空白，做游戏还是做电子商务都能赚钱，然而无论面临哪些诱惑，百度人多年来还是专注于做中文搜索，没有贸然转向别的领域，也正因如此才有了今天知名的百度。

当然，抵制诱惑也不是一件简单的事情，需要长期的努力和不变的操守才能做到。一个人要想抵制诱惑，首先就必须树立一个崇高的目标，然后为了这个目标而奋斗，当然这个目标不能于社会有害，也不应该只是为了自己享受。然后，这个人要能够淡泊名利，这样才能抵制住诱惑，能够低调做人，这样才不会因为过于张扬而害了自己，然后在默默中不断砥砺自己的意志，丰富自己的知识和才能，从而也培养自己高洁的情操。一个人的精神领地如果没有高洁的情操占领，不久必然也会被一些低级趣味占领。而只有坚持操守，一个人才能真正获得自由，能够不为名利所动，不为美色所迷。也唯有如此才能在这个异彩纷呈同时也是危机无限的世界上，驾驭好自己的人生帆船，把握好一个正确的方向，永远不会迷路。

5. 一次只打一只鸟

人的一生总要面临各种各样的选择，有的人甚至说，人的命运其实就是这个人的选择结果。这句话可能说得太绝对了，不过我们如果仔细思考的话，会发现也确实有道理。因为我们一生下来就要面临各种选择。在我们面临选择时，大多数人都会感到举棋不定，犹豫不决，其实并不是因为他们不知道自己想要的是什么，而是因为他们总是不想放弃一些东西。选择从另一方面来说也就是放弃，而在这个过程中，一个人的所有智慧都会得到显现。

美国南北战争时期的林肯总统曾经说过："一个真正聪明的人，就在于他懂得如何做出正确的选择，也在于他懂得如何放弃那些应该放弃的东西。"正如他所说的那样，一个正确的选择有时候甚至可以改变一个人的一生的命运。正确的选择才能保证这个人最终获得成功。有很多时候，并不是因为我们不够努力，而是因为我们没有做出正确的选择，从而做了很多无用功。所以，在决定为一个目标奋斗之前，首先要明白，这个目标是不是值得我们去奋斗，是不是适合我们去奋斗。而如果我们真的要去实现它，现在的客观条件是否具备，需要付出的努力有多少，因为一个正确的选择其实是指引我们通向成功之路的路标，是我们能够达到成功彼岸的指路明灯。

在这个过程中，需要克服的最大障碍其实就是贪婪之心，人们最大的毛病并不是不知道如何选择，而是不希望放弃。这就如同我们在拿一支猎枪对准一个林子的鸟的时候，这个时候鸟有很多，我们也希望我们能够打到很多，于是我们觉得这只不能放弃，那只也要打，最终不知道打哪个，或者乱打一通，以致最后一只鸟也没有打到。而其实最聪明的猎人绝对不会想要获得整个林子的鸟，他每次在射击之前，已经放弃了众多的鸟，以一只最有可能打到的鸟作为目标，这样最终他获得了这只鸟。而这次成功之后，他依然不会加大自己的欲望，还是把自己目标定位在一只鸟上，这样他又打下了一只鸟，而通过这种方法，他最终也获得了最大的收获。

我们也可以看到，果农在种树的时候会经常定期地为这些果树修剪枝条，而其实有些枝条已经非常大了，人们觉得把它们剪掉非常可惜。而其实之所以这样做，是因为果农深知部分放弃其实是为了将来更好发展的道理。如果不把那些多余的枝条剪掉，而任由这些树枝随意生长的话，那么最终只会使得整个树因为无法提供足够多的养分而无法正常开花结实。只有去除一部分枝条，才更加有利于这个果树主要枝叶的生长，最终结出让人满意的果实来。

不只是果树如此，人的一生又何尝不是这样。因为人生在世，不成功往往不是因为没有目标，而是目标太多了，以致无法集中所有精力专注于一个目标，最终一事无成，就像那些不肯放弃的猎人一样，最终一只鸟也没有打到。

当然，这当中有一些客观的因素来影响我们的决定，因为现在这个烦嚣的社会对人们的诱惑实在太多了，而身边的成功人士的成功之路也是各种各样，使得我们在做出一个决定时总是会急功近利。而一旦没有达到预期效果，往往会见异思迁，马上换一个目标。最终对于哪个成功之路都是浅尝辄止，没有达到真正的深度，而当然也不可能在某个领域脱颖而出，获得成功。

这是因为我们追求的东西太多了，并且不能够分清主次。而那些过度的追求使人们的负荷太重了，精力也分散了，以致哪个欲望也实现不了，哪个目标也无法达成。所以我们要想真正成功就必须学会简化自己的人生，放弃那些过多的欲望，找到一个真正适合自己的路走下去，直到最终成功的那一天。

如果说正确的选择是一种高瞻远瞩的远见，那么可以说正确的放弃则是一种顾全大局的果断。放弃的过程必然是痛苦的，虽然痛苦，然而我们也必须放弃。每个人的生活园地里总是会有乱七八糟的杂草，而这些杂草阻碍我们生命之花的开放，也阻碍了我们正常前进的道路。所以每个人如果要想真正成功的话，都必须学会及时清理自己的人生花园，铲除那些对自己造成不良影响的杂草。并且在这个过程中，我们需要养成一种随时准备除草的习惯，因为杂草总是春风吹又生的，不要期望一劳永逸。只有根除那些多余的茅草，我们心灵家园才会真正变得富饶。然后再播下的一些优良的种子，它们才能茁壮成长，我们也才能最终收获丰硕的果实。随时地舍弃那些无用的东西，将精力真正地集中在一个目标上，才会最终获得事业上的成功和人生的幸福。

在这个过程中，一定要学会承受那些放弃过程中的疼痛感。要明白，现在这些放弃纵然会让我们感到十分苦痛和不快，然而这是为了将来更多的美好而舍弃的。彩虹只有在风雨之后才能够出现，成功只有在吃苦之后才能获得，所以每个人在都需要学会坚持与放弃。在应该坚持时就要锲而不舍地坚持下去，哪怕这会给你带来很多痛苦，而在需要放弃时就果断坚决地放弃，哪怕这会让你非常痛苦。这个时候的放弃并不是没有坚持下去的勇气，而是为了将来更大的成功，只有适当地放弃了，那些原来捆绑自己的负担才会被卸下，拖累我们前进的包袱才会被丢掉，而我们也会跑得更快了。能够做出适当的放弃，承受那些别人不可以承受的疼痛与屈辱，才是一个人真正成熟与坚忍的标志，才是一个人能够最终成大事的关键。可以说，有的时候，放弃比坚持更需要莫大的勇气，因为坚持下来你可能会受到别人的欣赏，而一旦放弃了你可能遭到所有人的轻视。

而对于那些一直苦苦追求不可能属于自己东西的人来说，果断地放弃就更需要一种勇气了。如果不放弃的话，那么无疑是迷失了自己，坚持下去已经没有任何成功的可能，所有的努力将只有在悄然之间徒然地耗费了自己的青春和精力。有时候我们感到已经付出了很多了，甚至以为距离成功已经非常接近了，并且如果放弃的话，身边的人可能会觉得我们是一个没有坚忍意志的人。所以总是相信坚持就是胜利，总是觉得不放弃是一种成功的基本素质，其实这个时候放弃才需要更大的智慧与勇气。与其得不到盼望的结果，还不如早日把它放下，虽然这个过程是痛苦的，不过等到放下之后去会感到惬意无比。因为，其实在这个过程中我们并没有失去什么，实际上，真正放弃的只是一个无路可走的死胡同，而在放弃了它之后却能迎接一个属于自己的新的充满无际希望的路口。

还有一种放弃是在已经成功之后的放弃。其实，很多时候，人们最难割舍的就是过去的辉煌。这个世界上有很多人并不是不肯为成功而努力，而是存在一种一劳永逸的心理，他们在没有成功之前能够忍受各种痛苦与磨难，可是在已达人生成功顶峰之后就无法保持清醒的态度。他们从此被成功后一时的鲜花和掌声所陶醉，觉得自己已经取得了足以让别人刮目相看的成绩，不需要再努力了，从此不思进取，并且陷入这种状态中难以自拔了。其实在这个时候他们需要的是一种能够从一个胜利走向另一个胜利的精神，在已经给世人留下辉煌的记忆之后，重新创造出一个新的辉煌来，那样世人会更加惊叹他的成功。其实这个时候他们需要的就是一种放弃的精神，能够放下自己一时的成功，然后在一个新的领域重新开始再接再厉，向人生的下次辉煌出发。

在人的一生中，很多事情是无法阻止的，对于那些虽然可能让我们感到伤感，自己却无法阻止它发生的事情，需要保持一种豁达的心态。如果你不保持豁达的心态，一直痛苦下去对于它们也不会有丝毫的影响，反而更加地伤害了自己。我们不需要为了夕阳的落下而伤心，也没有必要为了春天的落花忧愁，当然也没有必要为一个我们深爱的人的离开而久久苦恼。

一旦我们决定要放弃的时候，就要有一种彻底的精神，对于那些应该放弃的东西，绝对不要留恋，放弃之后也就不要再藕断丝连，否则将终生痛苦。我们需要的是一种放弃的果断，因为我们在这个时候实际上并没有体会到放弃之后的快乐，却要忍受一种放弃的痛苦。当然对于我们的心里感受来说是非常地不舍，这个时候尽管放弃的过程是十分痛楚的，我们也要学会正视现实。

我们一定要放弃眼前的诱惑，放弃之后，可能还会觉得心里非常怀念和不舍，那么这个时候我们一定要有一种放弃的彻底精神，经过了一段时期之后，会发现自己其实已经放下了一个繁重的负荷，开始长久地享受心灵上的轻松了。所以我们一定要学会放弃那些对于成功和成长无关紧要的枝节，抓住那些虽然会带来痛苦却能够让我们得到成长与成功的尤为重要的主干，然后一直坚持不懈地做下去，那么有朝一日就会发现，其实自己已经获得成功了。

6. 舍广求专，舍博求精

很多人之所以终其一生碌碌无为，并不是因为他们没有天赋，也不是因为他们不肯努力，其原因就在于目标不专一。一个真正的成功人士必然是那些专注于一个目标锲而不舍地顽强拼搏的人。任何人的精力都是有限的，特别是在当前这个知识大爆炸的时代，一个人根本不可能掌握非常多领域的知识。要想在这种情况下成功，那么他也必须能够舍弃一些杂而多的目标，然后真正地把自己的精力专注在一个目标上，接着向着这个目标努力。并且在这个过程中无论遇到多少困难都告诉自己一定不要放弃，一定要坚持下去，而在经过这样成年累月的努力之后，我们就会发现，最终获得了成功。

在阿拉伯民间传说中有这样一则故事：说的是一位老人有两个女儿，分别嫁给了一个农夫和木匠。有一天，这个老人到农夫家里看望他的女儿，十分关心地问起女儿现在的生活状况，并且表示愿意为了改善她的生活而努力。女儿于是告诉父亲，其实现在自己已经适应了家里的生活方式，就是最近天气一直非常干旱，庄稼需要更多的水分，如果这几天能够多多下雨，那么她就谢天谢地了，于是老人表示自己愿意为她去求雨。

接着他又来到了木匠家里，同样问起自己的女儿最近的生活状况，表示自己还可以为了女儿的幸福而努力。女儿当然也是说自己一切都好，最后她表示自己的最大的希望是这几天天气晴朗，阳光充足，因为她的丈夫刚刚做成了一批家具，这个时候下雨将非常麻烦，如果天气晴朗的话那么家具就会干得更快了。这时父亲感到非常无奈了，他对小女儿说道："唉，你盼望天气明朗，而你的姐姐期待赶紧下雨，那么我为谁祈求才好呢？"最终这个老人并没有给自己的女儿提供任何帮助，而是失望地离开了。这则小故事其实也是在告诉我们一个小小的哲理，一个人如果同时想做两件事的话，那么他最终一件事也做不成。

一只猫如果同时追赶几只老鼠，那么它必然一只也抓不到。同样地，如果一个人同时追求几个理想，他的理想一个也不会实现。正确的做法是我们一次只追求一个目标，如果这个目标成功了再追求下一个目标，这样才容易成功。

一些人在具体做事的时候，总是无法把握好这一尺度，总是不肯放弃一些东西，做决定时也是不敢冒险，所以成功的机会就会很少。因为历来广博与专精就是一对矛盾，这两者都是十分重要的，如果我们要想取得成功，都必须知道对于一个特定的领域进行钻研，同时也要能够在与之相关的各个领域进行一个广泛的了解。

"当我看准了一个目标，并相信这个目标能给我带来巨大的利润时，我就从其他目标转移过来，把精力和资金都集中在这个大目标上。"这是一位美国著名投资家的名言。实际上他不仅是这样说的，更是这样做的。这也是他能够在金融行业独步天下的一个重要原因。在面对变幻莫测的金融市场的时候，很多人由于怕输而四处乱投，希望能够有一股获得成功，从此发财。而他则从来不是这样的，他总是能够在做出决定之前进行非常慎重的选择，他会反复比较一种决策的得与失，最终找到一个最有可能收益并且收效最大的目标，然后将自己的所有的精力和资金都专注于这一个目标上来，从而获得了非常大的收获。因为他深知，如果自己的目标太多的话，那么就意味着他的资金在每一个目标都会分散得非常少，根本不会得到巨大的收益，而同时他也不得不将自己的精力分散到几个目标上来，那样他会忙得焦头烂额，并且也注定最终会失败。

而伟大的科学家爱因斯坦在回答自己为什么能够成功时说了下面这些一段话："其实我们每个人整天都在做事情。倘若你早上7点起床、晚上11点睡觉，做事就做了整整16个小时。其中大部分人一定一直在做一些事情，不同的是：他们做很多很多事情，而我只做一件。如果你们将这些事情用在一件事情上、一个方向上。一定会取得成功。"这个伟人意思非常明确，一个人的天赋并不是这个人成功的首要原因，即使是一个能力非常一般的人，如果他能够一直坚持下去地做一件事情的话，那么最终他也会获得成功。而他的成功往往会超过比那些天赋虽然很强却总是四处出击，不能坚持的人们。

唐代著名文学家韩愈在《师说》中有这样一句标志性的话语："闻道有先

后，术业有专攻"。放在今天来讲，一个人只有已经掌握了一技之长，才能在这个社会中立足。因为这个社会所需要的是对于某一个领域有特殊研究的专才，而不是一个在哪个方面都懂得一点，而事实上没有一个领域能够精通的杂而不精者。

对于某一个领域的精通，其实也是一种敬业精神。近代学人梁启超在《敬业与乐业》一文中开就具体地阐述了这种"敬业精神"的重要性。他提出"主一无适便是敬。"就是说，一个人如果已经有工作了，那么他就一定要按照工作的要求把自己的本职工作做好，并且在这个过程中一定不要附加什么个人情绪。只有将全副精力集中到这事上，我们也才能够最终做好这个工作，从而获得别人的肯定，最终能够脱颖而出，更上一层楼。

要做到这一点，首先就要求我们必须能够热爱自己的本职工作。因为只有我们爱一件事情了，才能够全心全意地将其做好。如果我们对于自己的工作根本没有任何工作热情，在工作的时候必然也是三心二意，这样工作成绩也只能是平平庸庸。所谓三百六十行，行行出状元。任何一个领域，只要能够沉下心来认真去做，那么在经过一段时间之后，都有可能获得别人想象不到的成功。这个世界上职业并没有高低，有差别的只是人们对于事业的工作态度。一个人只有态度好了，喜欢自己的事业了，才能够最终成功。当然如果让我们喜欢所有的职业也不太现实，那么要做的就是尽早明确自己究竟喜欢哪个行业，然后在这个行业坚持不懈地做下去。

7. 时时刻刻明白自己的目标

在这个茫茫的世界里永远没有十全十美的事物，对于个人来说，也没有一个领域是绝对适合自己的，只有相对适合自己的。所以，我们在进行职业选择的时候也没有必要一定要找到一个自己真心喜欢做，并且所有的工作内容都是自己喜欢做的职业，而要学会改变自己的心态，做那些我们原本可能不习惯做甚至不喜欢做的事情，并且在这个过程中找到乐趣，那么可以说，在这个过程中，我们才真正地成熟了。

一个人想要有所作为，那么必须有所不为。在我们进行择业的时候，往往会面临非常多的诱惑。而在这个时候，就要审时度势，明确自己的真正目标，而不是盲目地跟随别人跳槽。从本质上来说，成功根本与跳槽无关，一味地跳槽不仅不能加快自己成功的脚步，反而会让自己更加无所适从。因为每一次跳槽都意味着换了一个新的工作环境，许多事情需要从头开始，而这其实是非常消耗时间与精力的，并且对于个人来说并没有太大的提高。

安德鲁·卡耐基是美国家喻户晓的钢铁大王，也是一个时代的传奇性人物。他通过自己的不懈努力，最终实现了一个美国式的神话，成为一个世纪的风云人物。当他全家在他十三岁时离开苏格兰来到美国时，当时的家庭条件十分简陋，他们全家七口人挤在一间十分矮小的房间里过活。然而对于这些，卡耐基并没有抱怨，也没有灰心，而是立志一定要通过自己的努力改变这一现状。后来卡耐基经过长时间的观察与研究，决定投身于钢铁业，几十年之后，他改变了整个钢铁世界。达到这种成就除了他自身的智慧和勇气等因素外，其中很重要的一个因素就是他始终只是专注于他的钢铁事业，从来没有动摇过。无论遇到多少次失败，他也没有改行的打算，无论面临多么大的诱惑，他也没有改行的打算，而是在几十年的时间里一直专注于他的钢铁事业。

他在一次演讲中提到"其实获得成功的首要条件和最大的秘密，是把精力完全集中于所干的事。一旦开始于哪一行，就要决心干出名堂。要出类拔萃，要点点滴滴地改进，要采用最好的机器，要尽力通晓这一行，失败的人是那些分散精力的人。他们向这件事投资，又向那件事投资，在这里投资，又在那里投资，方方面面都要投资。要把所有的鸡蛋放在一个篮子，然后看管好这个篮子，注意周围并留点神，能这样做的人往往不会失败。看管好这个篮子很不容易，但在我们这个国家，想多提篮子因而打碎鸡蛋的人也很多。有三个篮子的人就得把一个篮子顶在头上，这样很容易摔倒。"这个举世闻名的成功人物，已经把专注当作他获得成功的一个首要因素来看待，可见，专注是多么重要。。

想要集中自己的精力做好一件事情，那么除了要专注于一件事，还必须学会审时度势，制定一个合理而明确的目标。在遇到各种情况的时候要学会能够灵活应对，始终以提高自己在某一方面的能力作为最终导向。只有如此，我们才能排除身外的各种干扰，从而真正地提高工作效率，加快成功步伐。在这个过程中，

"眉毛胡子一把抓"的做法当然是一定要极力避免的，这就要我们学会在面临多种选择时能够正确分析出现它们之中的主要矛盾和次要矛盾，并且理清主次矛盾之间的关系。然后集中所有力量解决主要矛盾，这样次要矛盾也就会迎刃而解了。

现代社会成功的机会空前多，每个人面临的诱惑形形色色，能够做出的选择也是五花八门，然而最终成功的人却仍然为数不多。因为大多数年轻人不知道自己的正确方向。他们只是像别人一样频繁地更换自己的工作，总是希望通过跳槽能够为自己的事业带来转机，而实际上很多时候他们越跳槽反而离成功越远。因为他们在跳槽之时根本没有经过认真考虑，能力没有得到任何增长，反而只是浪费了一些宝贵的时间和精力，最终工资还是那么少。所以一个人在决定跳槽时一定要慎重考虑，千万不能因为一时工作上的不如意而轻易跳槽。即使换一个工作，你一样会遇到很多工作上的不满意之处，一样会有的人不喜欢你，依然你也会不喜欢一些领导的工作态度。

现实中我们也可以发现这样一些年轻人。他们在刚走上工作岗位之时，虽然不乏这样那样的工作才华，也有一番雄心壮志，不过自己总是改正不了那种从小在家娇生惯养的各种毛病，在公司工作一段时间后，就会找出一大堆不满意的地方进行抱怨。当然这种抱怨在他们看来也是合情合理的，因为自己不被领导重用，因为公司的环境非常差，还因为一些领导的作风根本不民主，或是因为自己的个人收入少，还因为公司里面根本没有人正经工作，大家只是天天钩心斗角。于是自己还没有学到任何东西就又赶紧跳槽到另一家公司了。而再过几个月之后，他们发现这家公司的状况他们一样不满意，甚至还不如上一家公司好，于是他们又会产生一种换工作的念头，这样就又换了一家公司。然而他们对于工作的不满非但没有在跳槽的过程中减少，反而越来越增加了，于是他们的状态永远是工作不稳，频繁跳槽。而每一次跳槽都会有一个试用期，当然在这个试用期中工资也不会高，于是这使得他们浪费了大好的青春岁月，工作根本不稳定，更不要说能够取得事业上的成就了，同时自己的生活也毫无保障。

"十年寒窗无人问，一朝成名天下知"，任何事业上的巨大成功都不是那么容易取得的，要想在某一个领域出类拔萃，一定要付出常人难以想象的努力才行。当然在这个过程中没有专注是不可能的。如果一个人只是整日见异思迁、今天做这个，明天做那个，三天打鱼，两天晒网，做什么事情总是虎头蛇尾，这样是万万不行的，也没有任何成功的可能。所以如果一个人决定要做好一件事，那么他就要能够全身心地投入，集中自己的所有精力把这个事情做到底，并且不达目的誓不罢休。

8. 不要攀比，不要最好、只要更好

我们每个人都有自己的梦想，都想得到很多东西。当然，在一定程度上，这是好事，因为这会给我们的人生带来更多动力，也带来更多希望。不过，一个人的欲望如果过高的话，那么就不是一件好事了。这样会让这个人永远无法感到满足，也会对自己产生怀疑，最终在这种心态之下也很难获得幸福。

产生这种过高欲望，很大程度是因为我们总是喜欢和别人比较。在感到不如别人的时候就会给自己更大的压力，不过实际上自己的才能并没有达到那个高度，于是最终人们在这种无法满足的欲望中变得心浮气躁，郁郁寡欢。

一个人，如果不与别人比较的话，那么他想获得属于自己幸福可以说是很容易的。如果一个人总是想要与别人比较，总是希望自己比别人过得更加幸福，那么他就会发现这实际上困难重重。因为人与人之间是永远有差距的，有些差距甚至是出生的时候就注定了，当然也是无法改变的。所以，对于这种差距，我们要能够坦然接受，不必因为这些而心中不平。其实可以告诉自己：有什么了不起的呢。虽然你比我强，不过这也不能改变我的快乐。你有你的才华，而我也有自己的长处，虽然可能没有你那么突出，不过我一样可以过得非常快乐。生活在赐予一个人长处的时候，同时也给了这个人各种短处，每个人都一样。只是有的时候可能由于我们对于一个人不够了解，而导致我们只是看到他的长处，没有看到他的短处罢了。所以，对于自己的缺憾与不足，我们完全没有必要自卑，也不要因为这些而整日抱怨。

其实原本可以没有这么多抱怨，抱怨是因为我们的欲望无法满足，而欲望无法满足是因为欲望过高了。而欲望之所以过高其实有很多时候是因为我们太喜欢与别人攀比了。

这些攀比其实是完全没有必要的，因为人与人的天赋不同，后天环境也不同，当然每个人最终结果也不会相同。这只是很自然的事情，我们要做的只是做好自己就行了，尽最大可能把握自己的幸福，而不要在与别人的攀比中迷失了自己。当然，你可能遇到一个人的能力比你强，不过他也是后天努力的结果，刚出生的时候他也是和你一样的。只要你足够努力，你也可以像他一样有能力。因为你没有有一点不如他的。

而很多时候我们并没有意识到这一点，只是喜欢用自己的缺点与别人的优点进行比较，当然这样比较起来，我们就更加不自信了。同时也平添了许多烦恼。

就是这种盲目攀比的心理直接催生了自己过高的欲望，从而也产生了自卑与不满。过分的攀比使得我们的眼睛永远看不到自己的外貌多么有特点，自己的父母多么慈祥，自己的孩子多么聪明，自己的爱人多么温柔，自己的事业多么稳定，自己的朋友多么仗义，自己的小家多么温馨，自己的未来多么美好……

对于这一点，著名漫画家朱德庸是这样说的："我相信，人和动物是一样的，每个人都有自己的天赋，比如老虎有锋利的牙齿，兔子有高超的奔跑、弹跳能力，所以它们能在大自然中生存下来。人们都希望成为老虎，但其中有很多人只能是兔子。我们为什么放着很优秀的兔子不当，而一定要当很烂的老虎呢？"

所以说，不正常的比较是产生不快的根源。就像《三国演义》中的周瑜一样，本来周瑜是一个非常有前途的青年，人长得帅，还会打仗，甚至还有很高的音乐天赋，老婆也非常漂亮。不过就是因为总是与诸葛亮比较，总是嫉妒对方的才能超过自己，最终竟然生生地被气死了。

其实他原本可以不必这样的。因为天外有天，一山还比一山高，这个世界上有才能的人太多了。有些人的才能超过你也是非常正常的事情，有什么不可以接受的呢？不过周瑜偏偏想不开这一点，他其实心里也明明知道自己比不过诸葛亮，不过也又偏偏不服气，最终在这种无度的攀比之中陷入了一种嫉恨的深渊，最终丢掉了自己年轻的生命，实在是可怜可叹。

我们其实也一样，不要学周瑜那样无度攀比。我们当然不希望自己比别人差，不过对于客观存在的差距也要能够平和地接受。我们当然要拼命工作，不过这是为了改善自己的生活，而不是为了与别人攀比。别人的房子、车子、票子、面子也许值得我们羡慕，不过只可以把他们当作榜样来激励自己，而不是当作一个要超过的对象让自己活得无限压抑。

过度攀比只会让我们的心负累重重，让我们的身体千疮百孔，最后在这无休止的攀比中痛不欲生。从此每天只是唉声叹气，抱怨自己为什么不如别人，最终原本可能到来的快乐与幸福也在这种抱怨声中消逝了。

这种无度的攀比，不仅没有让我们进步，反而让我们身心受到严重的伤害，身体累垮了，自信也没有了，辜负了本来可能非常美好的青春岁月。

其实人生并不需要事事成功，也不需要总是超过别人，更不需要总是与他人作无谓的比较。人是活给自己看的，不是活给别人看的，你与别人比较的时候，别人可能根本没有注意到你。这个时候无论你是因为比不过别人而自卑，还是因为超过了别人而自负，别人根本没有任何反应，而你反而为了这些事情而终日忧心忡忡，也太不划算了吧。你要做的是学会更珍惜自己所拥有的一切，每天与自己进行比较，每天进步一点点，最终在与自己的比较中不断超越，获得属于自己的幸福。

第二章
不必苛求完美，完美只是一厢情愿

　　人们总是喜欢完美的，也总是追求完美。这种心理当然也不能说不好，追求完美可以让我们永远不会自我满足，永远有一种向上的动力。不过，对于完美的追求是要有一定限度的。我们要认识到，这个世界上根本没有完美存在。完美只是我们大脑中的一种理想状态，这种状态虽然美好，值得我们去追求，却不值得们为它付出一切。如果对于不切实际的完美过于苛求，只会让我们的人生更加不完美。

1. 世界上没有十全十美的好事

一个人追求完美当然无可厚非，完美的东西固然不存在，人们对于完美的追求却是有意义的。它使得我们的人生更加丰富，也使得整个人类的奋斗更有意义。就个人来说，这本身就是一种积极的生活态度。一个人追求完美就意味着他永远不会感到自我满足，他对于自己永远有更高的要求，因为完美的事物根本不存在，那么也就意味着他的追求与奋斗将永远地持续下去。而如果我们人人都没有一个追求完美的精神，永远只是安于现状，做什么事情也没有一个高远的目标，总是有一种差不多就可以的心态，那么我们最终也会失去了奋斗的动力，整个人类的世界也就不会有那么多的奇迹发生，我们生活也就不再丰富多彩，甚至我们人类原本鲜活的生命也将失去意义。因为没有了追求完美的精神，整个人类都会归于平庸，从而也不能"主宰"这个地球，甚至像其他一些动物一样退化了。

但是，对于完美我们也要保持一个正确的态度。我们可以追求完美，但我们不必苛求完美。如果过度地苛求完美的话，那么最终将无法得到任何快乐。因为根本没有完美的东西存在，我们的愿望永远无法实现，而就算我们已经付出了巨大的努力，还是无法获得一种美好的结局，当然最终这样只会让自己身心俱疲，甚至对整个人生感到绝望。

任何一个苛求完美的人必然也是一个要求非常严格的人，他从来不愿意面对自己的任何不足和缺点，只要是一点小小的过失，他总是会感到非常失落，无法原谅自己。而这种人很有可能对他人也很挑剔，这种态度就会在无意中得罪很多人，也使得他的交际面非常窄，因为很多人都受不了他的那种无比苛刻的态度。而在生活和工作中，他会经常让自己刻意保持一种优雅的姿态和不俗的气质。当然他的谈吐必然也是与众不同的，他的走路也必然是有讲究的，他的吃饭也是有一套礼仪的，甚至他在出门之前已经为自己一天的表现制定出了一个理想的标准。如果在实施过程中没有实现这个标准的话，那么他会感到非常失望、有的时候甚至他会为一个自认为不优雅的姿态而焦虑半天，然而事实上别人根本没有注意到这一点。其实这种要求已经过分了，已经是一种不健康的心理了，如果长期这样下去的话，这个人很有可能会有精神疾病。

有记者曾经问一位时下非常走红的女明星是否觉得自己长得完美，她十分坚定地说："不，我长得并不完美。不过我并不会因此而自卑，或者觉得它会给我带来任何不好的影响，因为我觉得正是因为我长相上的某些缺陷才让观众觉得我更加真实，从而更加能够接受我，这也是我能够让大家喜欢的一个原因。"

我们每一个人都需要向这个女明星学习，因为人一生下来就不可能完美。一个人能坦然面对自己的种种不足并能够压抑心中的不平之气，甚至敢于自嘲自己的缺陷的时候，无疑是十分自信的。这个人的心态是非常健康的，也正是我们应该学习的一种人生态度。人生多数情况下其实并不是一盘棋，不会一招不慎，满盘皆输，即使失败了还有机会，即使走错了，我们也可以重新再来一盘。而我们的人生实际也就像一场足球赛，在这个比赛中，即使最伟大的球星也会出现失误，我们真正要做的并不是完全避免失误，而是努力发挥出自己的最好水平，争取每一次能够射门得分的机会。然而我们也不要期望次次都能射门得分，因为这样的概率是非常小的，过度期望根本没有意义。

世界上根本就不存在完美。我们真正要做的不是一定要得到完美，而尽最大可能地避免失误。实际上，任何"完美"的东西都是十分抽象的，有的时候根本就是不切实际的，而那些虚无的东西可以去想象，可以去感受，可以作为自己一个高远的目标去追求，却没有必要花精力去一定争取这个原本不存在的东西。生活中总是有这样那样的不完美，总是有这样那样的遗憾，而且很多缺憾甚至是你根本无法避免的，无论你做出何种努力，它还是依然存在。

而我们要做的是在心理上真正地接受这些缺陷，很多时候我们尽管看到一些不完美的事物总是会感到非常不愉快，非常别扭。不过这个时候我们一定要学会战胜这种心态，开始在接受这些东西。我们要明白，其实，缺憾并不是一种不完美，而是一种真实，这种真实才是美的，这样我们的内心就会变得平和了。学会了接受这些东西之后，就已经重新感受到生活的乐趣了，这样我们对于任何事情都有了一个开放与包容的心态，没有什么能够影响我们的好心情。这样做起事情来也更加有效率，成功也就会变得更加容易，幸福也会时时地让我们感受到。

所以，对于完美，我们可以追求，但千万不要希望一定能够得到。最美的并不是得到完美，而是一个追求完美的过程。在这个过程中我们无限地接近完美，却永远也得不到它，我们要学会享受这种状态，而不是幻想打破这种状态最终得到完美。对于一些明明不可能的东西，我们为什么还要伤神费脑呢？

我们可以来看下面这个小故事，也许可以得到更多的收获。

有一个水手在出海时，忽然从大海的深处捞到一颗晶莹圆润的大珍珠。这个珍珠可以说是世间的珍宝，光芒无限，价值连城。当然这个水手也对它爱不释手，总是没日没夜地观看它。然而，突然有一天，他发现这个珍珠的上面竟然有个小小的黑点，使得这个原本无限完美的珍珠显得不再那么完美，也不再那么光彩夺目了。于是水手非常失望，甚至一度非常伤心，他实在是无法接受这种事情。于是这个水手想，无论用什么办法，一定要将小黑点去掉，否则我的心里永远不会安宁下来，而一旦这个黑点真正地被剥下来之后，它也必然会成为一个完美无瑕的无价之宝。

于是这个水手就开始动手了，他最先用一个特殊的工具剥掉这个珍珠的第一层，可是这个珍珠的黑点仍在。他仍然不死心，于是又剥去了一层，然而这个黑点竟然还在。于是他有些犹豫了，他害怕这个时候再剥下去会把整个珍珠剥没有了，不过他还是无法忍受这个珍珠的哪怕一丁点的不完美。于是他决定一不做，二不休，一定要把这个黑点除去不可，于是他又开始一层层剥下去。他剥到最后，黑点果然没有了，然而这个时候已经是珍珠的最后一层了，整个珍珠也不复存在了。

其实，这个水手的做法完全没有必要，因为真正完美的事物根本不存在，刻意地去追求反而会破坏原本存在的美丽。我们也可以换一个角度来看，有黑点的珍珠也不见得不美丽。因为有缺憾其实也可以看作是一种美，缺憾是完美的另外一种表现形式。缺憾的真正可贵之处正在于它的浑然天成，它的没有丝毫做作，也正如我们平常所说的那个道理，所谓"清水出芙蓉，天然去雕饰"。

最美的东西必然是一个真实的东西，真实的东西虽然不完美，也比那些不真实的"完美"的事物更有审美价值。任何一个事物，其真实性的缺失也必然是这个事物美的一种流失。而就算那个水手在没有破坏珍珠的情况下真的得到了一个完美的珍珠，它也不可能是原来的那个珍珠了。在他消除了黑点的过程中，珍珠已经不是浑然天成的宝物，而是经过了人工的改变，变得面目全非了，它的美也不再真实生动了，只是一个虚幻的完美的壳子而已。

我们明白了这个道理，在生活中就要学会豁达一点，不要总是担心自己会做不好一些事情，甚至会因为犯了一些小错误而挨骂，那样活着多累呀。我们需要真正地放自己一马，不要希望自己永远不犯错，也不要苛求自己永远成功，当然也不要过分苛求身边的每个人都喜欢自己。

一个人无论付出多么巨大的努力，也无法避免失误，也不可能所有的人都对你满意，只要自己真正地尽心努力过就可以了，没有必要为那些多余的事情而伤神费脑。所以你无论到什么时候，一定要大胆地活出最真实的自己。千万不要为了让别人满意而处处谨小慎微，做什么事情总是畏首畏尾，永远只是放不开手脚，永远对于一些人唯唯诺诺，看他们的脸色行事，对于自己的行动总是缺乏自信，担心这个担心那个，而以致不敢行动，不敢有丝毫差错。

而我们要做的是能够轻松快活地度过每一天。不用把自己看得太重要，因为我们都是普普通通的一个凡人。就算我们在某个方面拥有过人的才能也没有什么了不起，因为这个世界上有才能的人实在是太多了。其实在这个世界上也没有那么多人真正地关注你。你今天穿的衣服是怎么搭配的，也许根本没有人关注。你今天的言行举止是否真正得体，实际上也没有那么多人注意的。就算有的人真的注意到了，也只是因为工作的需要，而不是因为什么别的事情。他可能很快就忘记了，你所一直感到忐忑不安的事情他可能根本就没有放在心上。

如果你还是那样总是苛求自己能够表现得非常完美，永远不会出一点差错，那么慢慢地，不仅你自己觉得会受不了，你的身边的人也会觉得和你在一起已经受不了了，甚至他们已经不敢再和你一起做事，一起讨论事情了。因为在你的眼里，看到的永远只是这样那样的毛病和不足。而对于别人的缺点，你总是无法忍受，你总是不说出来不痛快，可能这在你只是一种习惯，你或许也没有什么别的想法，甚至你认为你自己说出来是为了别人好，是帮助他们改正自己的缺点，然而实际上他们不会对你有任何感激之情的，甚至会非常地厌烦你，就算不厌烦你也会觉得和你在一起不开心。因为人的天性是喜欢赞美的，你的这种做法显然让他们感到非常不快。

所以，为了能让你自己生活得更轻松，也为了你有一个良好的朋友圈子，学会对别人宽容一点吧。对于一些不完美的事情多多地包容一点吧，对于一些目标要能够量力而行，而不要给自己的负担过重，做什么事情要顺势而为。不苛求完美你会发现自己活得更加轻松，因为就算你苛求也无法得到，生活本来就不是完美的。

2. 追求完美的代价过高

对于完美的事物，当然可以追求，不过，在此之前，一定要看一下自己是否有足够的实力。对于这个世界上的大多数事情来说，只要做到大体合格就可以了，在这个限度之内我们所要付出的成本与代价都是在一个合理范围之内的。但是追求完美就不同了，因为当你追求完美时也就意味着你已经在某一个领域有了非常高的成就，而你仍然觉得不满足，希望能够更上一层楼。

其实，我们也都知道，在任何领域，刚开始的时候取得进步是相对来说比较容易的，困难的是在已经非常优秀的情况下再前进一步。这就好像有两个学生，一个学习很差，每次只考50多分，另外一个同学，学习很好，每次可以考90多分。那么现在如果这两个学生学习都非常努力，那么肯定是只考50多分的那个同学的进步更加明显。他上次虽然只考了50多分，但是经过他一段时期的努力，他在下一次可能考到70多分，甚至80多分。而那个已经考了90多分的学生就没有那么容易了，事实上，让他依然保持在90多分的水平就不是一件非常容易的事。而尽管他也付出了很多努力，但想在这个基础之上再前一步无疑是非常困难的一件事。他的作为实际上也是一种精益求精的精神，是在追求完美。那么我们也都知道，追求完美就要付出比较高的代价，并且很多时候，就算你付出了很多代价也可能并没有得到理想的结果。

我们可以看下面这个哲理小故事。说的是一个车轮失去了自己的一小部分，变得不像以前那么圆满了。它也感到自己已经不完整了，不仅外观上不再好看，行动效率也是大打折扣，以致它已经没有任何实用价值了。因为它的主人已经把它从原来的四轮马车上卸下来了，不再用它。于是它开始寻找自己的缺失的那一小部分，希望自己有朝一日能够恢复原来完美的样子，重新得到主人的使用。可是由于已经缺了一小块，这个车轮在寻找自己缺失部分的路上走得很慢，因为它的滚动不可能像完好无损时那样灵便了。刚开始的时候，它觉得自己已经变得迟缓了，对于这种改变十分恼怒，也十分着急，更加感到非常不适应，它急切地想要自己滚动得更加快捷起来，可是它没有办法改变这一切，因为失去的那一部分并不是那么容易就能找到的。于是，过了一阵子，它也不再着急了，因为它已经明白，着急并不能解决任何问题，只会使自己的心情变坏，使自己的速度更加缓慢。于是它开始调整自己的心态，在一边寻找缺失部分的过程中，开始一边领略沿途美丽的风景，并从中发现了以前根本没有发现过的乐趣。

它开始有时间和路旁的小动物们，如小兔子，小松鼠等等聊天，从而了解到它们的快乐生活。它也可以观看道路两边美丽的白杨树和垂柳，还可以观赏河里面小船的浮动和鱼儿的嬉戏，甚至可以毫无顾忌地慵懒地享受到明媚的阳光和温柔的轻风。在这个过程中，它感到了无限乐趣，惊叹原来这个世界上还有这么美丽的风景和这么惬意的事情。等到有一天，它终于找到了自己的缺失的那一部分，恢复原状之后，却发现自己更加烦恼了。因为它现在已经十分完美，它的主人又把它放在了四轮马车上，它不得不和原来的伙伴们一起没日没夜地在路上奔驰，根本没有一刻休息的时间。并且有的时候主人会装载上非常沉重的货物，这使得它感到更加不堪重负，每天累得气喘吁吁。而在行动的过程中，由于滚动得太快，它也根本没有机会去领略路边的美景，更不用说去享受惬意的时光了。在这个时候，它深深地意识到了完美的缺憾，它感到自己以前的行为是多么地荒谬，于是它干脆将那个千辛万苦才找到的缺失部分再度放弃，这个时候它又重新过上了以前的那种完全属于自己的舒适的日子。

这个故事虽然简单，道理却是非常深刻的。它说明在这个世界上千万不要刻意地去追求完美，因为完美的东西也有自己无法改变的缺憾。有的时候即使你已经获得了"完美"，你会发现已经付出了过高的代价，并且这个时候你还会发现，其时完美的东西并没有你想象的那么完美，你为此付出的高昂的代价完全是不值得的。

3. 面对半杯水的两种心态

正确地接受生活中的不完美，并学会缺憾所带来的独特美感，是一个人应该养成的良好心态。而这种心态表现在生活中，就是有一种知足的心态。当你发现一个不完美的事物时，不是去抱怨它，而是用另外一种态度去包容它，甚至为它感到庆幸，这样你就会发现生活其实并没有那么糟糕。同样是面对半杯水，一个悲观的人可能会说："唉呀，我应该怎么办才好呢？只有这么一点水了。"而一个乐观的人则可能会说："太好了，事情并没有我想象的那么糟糕，竟然还有半杯水。"

由此可见，悲观的人很多是过度追求完美的人，因为他们一直在追求完美。在他们眼中，永远不会意识到自己已经拥有的东西是多么的珍贵，因为他们的眼中始终看到自己所缺少的那一部分。而其实很多时候他们缺少的那一部分根本是无足轻重的，然而他们自己却没有意识到这一点，还在为了这一点微不足道的不完美的地方而伤心担忧。而他们对于自己的现状也永远是以一种负面的眼光看待，因为他们的工作不完美，他们的生活不完美，他们的工资不够高，他们的房子不够漂亮，他们的家庭不够幸福，等等，全是一些负面因素。有很多时候他们还可能哀叹命运的不公，觉得自己大好才华竟然没有施展的地方。总之，无论到什么时候，无论在什么情况下，他们的眼中永远只是负面因素，这个世界上根本没有任何可以让他们感到开心的事物和时间。

然而，我们要明白，天有不测风云天，人有旦夕祸福，这是根本没有办法避免的事。一个真正一帆风顺的完美的人生只是人们的一种美好祝福或者美好幻想而已，我们对这一切完全没有必要苛求。因为现实毕竟是冷酷的，也是我们无法改变的。既然我们已经没有办法改变现实了，要改变的也就是我们自己了。让我们把对完美的追求放在内心深处，让它成为鼓励我们不断奋斗的动力，和对于别人的美好祝福。

当然，在此期间，我们也要学会接受那些不完美的事物和事情。我们总是祝愿人人平安，可是人们总是会有这样那样的不幸，我们希望世界上永远太平，可是残酷的现实却屡屡打破了我们的美好愿望。我们每天都会在媒体上得到这样那样的不幸消息，不是这里发生坠机事件，就是那里发生了矿难，还有时候甚至有些地方发生大地震。这些事情非常让我们心痛，不过却也是我们没有办法避免的。对于那些不幸死去的人，我们只有给予他们真诚的悼念，而我们需要在悲哀之后更加顽强地生存下去。因为那些不幸的人肯定也不希望看到我们为了他们而永远地消沉下去，我们只有勇敢地生存下去，才是他们最希望看到的，也是对他们最好的告慰与怀念。

我们活在这个世界上，也不要希望自己做的事别人的都欣赏。因为，无论你怎样做，总会有这样那样一些人对你不满意。事实上，只要这个世界上有一半以上的人接受你，你就应该感到满足了，过度的追求完美反而会让你自己感到无所适从。

有这样一位画家，他的毕生愿望就是画出一幅所有人都喜欢的画来。为了这个目标，他呕心沥血，用了五年的时间才完成这幅作品。他将自己的画摆在展览馆里供人观赏，他对于自己的作品十分满意，他觉得肯定会有很多人喜欢他的画。同时为了表明自己的谦虚精神，他还特意在画旁写了一个标语："亲爱的朋友，如果您认为此画有什么需要改进的地方，那么请您一定要写下来。"几天下来，来参观画的人果然很多，这让这个画家非常满意。同时在画的旁边也记满了各个游客的不同的改进意见。然而看到这些意见的时候，这个画家感到非常失望。如果这样看来，他的这幅画根本一无是处了。有的人说画的颜色搭配不合理，有的人说画的布局有问题，还有的人说画的光线处理不真实，甚至还有人说画的主题根本不适宜。面对众人的指责，画家感到非常迷惘，他甚至对自己产生了怀疑，难道我五年的心血才画出来的画真的这么糟糕吗？他这样沉思了好久，终于想通了整个事情，于是决定换一种方式来征求意见。这回他将画旁的标语改成了让观看的人写下对于这个作品的欣赏之处。这样一来，果然效果大不相同了。大家的好评如潮，甚至有人说这个画价值连城，可以与毕加索一比。由此，画家也才深深地意识到一个真理，就是每个人对于不同的事情都有独特的看法，所谓"一千个人眼中有一千个哈姆雷特"。所以，要想画出一个大家都喜欢的作品肯定是不现实的，于是他在之后再也没有这类想法了，改为画出能够让大家感到独特风格的作品来，从此他也真正成为一个艺术大师。

在现实中也是这样。对于同样一个事物，人们往往会从自己的观点出发得到与别人完全相反的结论。对于同样一个事情，往往也是仁者见仁，智者见智，僧说僧有理，佛说佛有理，总之你永远无法得出一个让大家都感到满意的方案。而事实上，如果你的作为要想满足所有人的要求也纯粹只是是一种痴心妄想，因为你永远无法想象人们对于一个事物的认识的差别是多么地大。还有一些人根本不是欣赏你和你做的事情，无论你怎样做他都会对你一阵白眼，而这属于你根本无法改变的人品问题。因此你也大可不必费心思去改变，不必去追求让大家都满意的结果了。

面对别人的意见，我们也要有一个审慎的态度。虽然别的人可能乐意给我们提意见，不过他们有的意见可能并不是我们想要的，甚至是对于我们的一种曲解。但是对于他们的意见，我们在原则上还是要保持一种客观的心态。因为不可能所有的人观察力都那么敏锐，也不可能每个人的意见都是正面的，所以，对于他们的意见，我们也只能是抱着一种"有则改之，无则加勉"的态度。如果是正确的，那么我们就要虚心接受，如果是错误的，那么我们也不必非要说出最基本的事实，因为说出这些毫无意义。要做的只是保持一种虚心和感谢的态度就行了，即使别人的意见是错误的，只要他们肯对我们提出一些意见，证明他们还是关心我们的。

无论我们面对多少人的意见，无论有多少人反对，我们也要能够随时知道自己究竟想要什么，不要因为别人的意见而轻易改变自己的想法，当然也不要因为别人意见比我们更加高明而不愿意改变。比如法国非常著名的埃菲尔铁塔的建成就是在争议中实现的。据说当年曾经由500人联合签名反对埃菲尔铁塔的建筑规划，他们认为这是一个最愚蠢的决定，如果这样的铁塔建成将会影响整个巴黎的艺术风格，会让这个富有魅力的城市变得无人问津。然而现在，大家都知道，这个铁塔甚至已经是法国最著名的景点了。

现实中完美无瑕永远是不存在的，瑕不掩瑜才是正常的情况。如果我们不能明白这个道理，反而无度地追求完美的话，无疑将是非常愚蠢的。当然，我们还是要有一个追求完美的愿望，和一个精益求精的态度。不过，这一态度要在合理的范围之内才行，我们当然尽自己所能尽量做到最好，不过在已经尽了最大努力还是存在的那些不完美的地方，也要能够心平气和地接受才行。

4. 别因追求完美而产生嫉妒心

嫉妒也是我们在现实中常见的一种心理。有的人甚至说，嫉妒心理是人们最基本的心理之一，可见，嫉妒并不是不正常。不过我们也要意识到，这种心理并不会给自己带来任何好处，我们不可能因为嫉妒别人而感到幸福，别人也不会因为我们对他的嫉妒而减少什么。如果我们不对这一不健康的心理合理控制的话，最终的结果还有可能是伤人伤己。

有一句话说得非常好，与其花大部分时间去嫉妒别人，让自己心里不高兴，还不如花更多的时间去完善自己。你所要做的不是在嫉妒别人的过程中自怨自艾，而是在完善自己的过程中超越那些令你嫉妒的人，这样你才能真正地扬眉吐气，不然别人永远只会认为你是一个没有度量也没有什么才能的人。

就算你最后还是无法超越别人，也没有必要感到自卑，因为这个世界上根本没有两片完全相同的树叶。他有他的优势，当然你也有你自己的独特优势，而这也是别人无法取代你的。你就是你，你是为你自己而活的，你的价值是独一无二的。所以没有必要去嫉妒别人，也没有必要因为在某些地方不如别人而自卑。

当然，如果你发现自己有嫉妒心了，也没有必要大惊小怪。嫉妒和喜怒哀乐一样，是人类的一种非常普遍的心理。其实我们每个人都是争强好胜的，我们也都希望自己比别人强，所以如果我们看见谁比自己强，心里常常会感到不那么好受。因为他们的强大无形之中使得我们渺小起来，我们的面子受到了伤害。所以我们希望他们最好变得和我们一样，甚至不如我们。

有时候这种嫉妒的心理也不是我们个人的意志所能控制的，它总是时不时地发生。一些人也许有过类似的经历：我们总是不会喜欢与那些处处比自己强的朋友在一起。因为他们往往会激起我们的自卑感，他们往往有很深的家庭背景和学历，事业上得到了老板的垂青和赏识，工资非常高。而爱情也是非常甜蜜，女朋友也比我们漂亮。总之，无论我们与他们比什么，最终的结果都是不如他们。于是自己就开始情不自禁地暗暗嫉妒他，觉得为什么他的天赋那么好，为什么他的运气也那么好，为什么我们哪方面都不如他。其实有的时候我们也意识到了自己的嫉妒心理已经有些过火了。然而这个时候往往已经无法控制自己了，内心的嫉妒之火总是无法熄灭。直到有一天我们嫉妒的那个人突然发生了意外，在某些方面不如我们了，我们这个时候才平心静气。觉得他们不会给自己造成一种紧张感了。

说起来，对于别人有一点儿嫉妒也不见得全是坏事，如果我们能够合理控制的话，它反而能够成为我们的一个前进动力。因为一个人能嫉妒，首先说明这个人还有一定的好胜心理，并且认为只要自己通过努力，就一定也能达到他的实力。因为人们的嫉妒对象只是那些与我们水平差不多的人，如果一个人的才能比我们强很多，根本没有必要去嫉妒他了。因为我们已经明白，无论如何努力，始终是不能超过他的。而对于一些和我们旗鼓相当的人，如果他们在某些时候比我们更强，我们就会觉得非常不平衡。认为自己其实并不比他们差，具备一定的条件时，我们甚至可能比他们做得更好。

其实，嫉妒有的时候也是因为我们只看到了别人的闪光点，没有看到别人失意的一面。我们也明白，无论什么样的成功人士，在此之前肯定也都遇到了这样那样的困难，甚至他们也有过非常窘迫的时候。这个时候，如果我们对于一个人有非常强烈的嫉妒心，那么可以换个角度再思考一下，在他风光的背后也遇到了一些别人难以想象的困难，甚至他最困难的时候比我的状况更糟糕呢。现在只是因为他已经度过了这个时期而已，那么如果我能够坚持下去，也度过这样一个困难时期，我有可能比他更强。这样想一想，我们就会不再那么嫉妒了，同时也对自己的信心了，做事也更加有动力，也更有可能成功了。

有这样一位事业非常成功的女经理曾说过："如果没有对同学的嫉妒，我也许永远都是一个名不见经传的小客服。可是当我看见自己大学时的一个同学竟然开起了豪华轿车的时候，我再也无法控制自己的嫉妒了。这个同学原来只是我寝室一个非常普通的室友，那个时候她学习根本没有我好，在学校也没有我出名，我一向觉得自己比她强。现在她竟然那样成功，我实在是受不了。于是最后我决定化嫉妒为力量，因为我坚信，我并不比她差，既然她可以成功，那么我也一定能成功。"

就像这个女经理那样，化嫉妒为力量，才是我们对付嫉妒最好的办法。如果只是单纯地嫉妒，并不能给现状再来任何改变，反而有可能使自己变得更加极端。而当我们积极行动起来的时候，一方面感觉到自己在进步，我们与他们的差距越来越小了，为事业而忙起来时，我们也根本没有时间去嫉妒别人了。

同时，我们也要学会发现自己的独特优势。一个人之所以经常嫉妒别人，往往也是因为自己没有一技之长，没有一个真正能够超过别人的地方，和别人在一起的时候总会觉得自己不如别人。有的时候并不是我们一无是处，而是忽略了自己的优势。因为当一个人在嫉妒别人时，他的眼里往往都是别人比自己强的地方，却忽略掉自己的独特优势。

其实，任何人都有自己的独特优势。所以，当下次我们嫉妒别人，感觉到别人在某些方面超过我们时，我们不妨多想一下自己的优势。我虽然在这方面不如你，不过你在那个方面还不如我呢，我为什么还要认为自己比你差呢？我为什么还要嫉妒你呢。这样自己的心理就可以恢复到平衡的状态了。

总之，嫉妒并不可怕，可怕的是你不能战胜它，你不能化嫉妒为前进的动力，而是变成了对别人的恶意诅咒。那样你自己将永远生活在痛苦之中，别人也会受到伤害。最终的结果只是伤人伤己。

我们可以想一想，你永远不会是这个世界上最强的人。因为无论你如何强大，这世上总有人比你更漂亮，更有钱，更有才能，也更幸运。那么与其为了这些根本不可能改变的事情而烦恼，为什么不好好地享受自己所拥有的一切呢？

5. 羡慕别人没用，现实一点最重要

很多时候我们之所以感到自己不如别人，并不是我们真的不如别人，而是因为在看待别人与看待自己时的眼光不一样。在看待自己时，我们总会对那些自己不足的地方特别敏感，而对自己的已经得到的幸福却视而不见。而在看待别人时，我们的角度又往往是相反的，总是会看到别人的长处和优点，感叹为什么别人总是比我们幸运，别人为什么总是那么幸福？

其实，每个人都是独特的，我们每个人的幸福也是要靠自己去换取的。当你在羡慕别人的时候，或许别人也在暗地里羡慕你呢。所以，要改变自己的这种偏见，与其浪费精力去羡慕别人，不如积极地壮大自己，从而找到那份属于自己的幸福。

人生活在世间，不是为了羡慕别人而活的，也不是为了与别人攀比而活，而是为了自己而活，是为了寻找幸福而来的。在这个喧嚣纷繁的社会里，别人的幸福永远只是别人的幸福，那是别人辛苦工作换来的结果。无论我们如何羡慕他们，提升如果自己不努力的话，那么幸福还只是别人的，而不是我们自己的。所以，对于别人的幸福，我们当然也可以羡慕，不过我们更应该做的是马上行动，去发展提升自己，并且马不停蹄地去寻找真正属于自己的幸福。

当然，在这个过程中，我们也要学会打发烦恼。在生活中，我们总是会遇到这样那样的烦恼，无论我们如何努力，也不可能让它们完全消失。它们总是会时不时地出现，打乱我们原来的计划，打破我们原来美好的心情。同时，伴随烦恼而来的，往往还有痛苦、无奈、失败、挫折，等等，它们总是不请自来，破坏我们原来的美好生活。使我们对生活失去信心，对自己感到怀疑，对前途感到不确定，对人生感到失望，这些都是它们的负面影响。于是我们开始觉得生活是多么地不幸，更想去寻找幸福的感觉。

其实幸福也的确就是一种感觉，幸福并不是不遇到不幸，而是在遇到不幸的时候我们还能保持一种乐观的态度。幸福不是获得很多，而是对于失去更加淡定。幸福不是实现了自己多年的愿望，而是我们永远有一个坚定的目标可以前进。幸福不是每天都成功，而是每天即使已经遭遇失败，还是能够从中收获许多，前进一步。其实幸福并没有真的离我们而去，它就在我们身边，只要我们换一个方式来看问题，只要不对自己那么苛刻，马上就能获得它。

有些人常常抱怨上天总是对我那样残酷，总是感叹为什么自己遇到的困难总是比别人多。其实上天已经给我们很多了，只是我们自己不珍惜，并且还过于贪婪。幸福不是羡慕别人的成功，而是真正找到了自己的目标，默默地努力。

家家有本难念的经，在我们羡慕别人时，其实他未必会觉得自己过得多么幸福，有时甚至还会嫉妒我们呢。

有人以为能生活在皇宫中的人肯定是最幸福的，因为他们有享不尽的荣华富贵，他们有无比尊崇的地位，然而现实却不是这样。我们可以看到，电视剧《还珠格格》中的小燕子真的当上了还珠格格时，她并没有获得幸福，反而觉得在宫里非常不自在，还千方百计地想溜出宫外，去过自由自在的生活。这是为什么？因为每个人对"幸福"一词的理解并不相同。别人已经得到的东西，在我们看来可能是非常宝贵的，是能够给我们带巨大的幸福感的，可是在别人的眼中，它们可能真的一文不值，甚至他们可能还会羡慕我们身上的那些我们自己认为一文不值的东西。

这种现象也就像钱钟书先生的《围城》一书中所描述的那样，城里的人想冲出去，城外的人又想进来，大家都在羡慕别人的幸福，大家都是身在福中不知福。

其实幸福就在我们身边，就在日常生活中你已经忽略的那些最微小的细节之中。只要你能够留心体会，你就会看到幸福不再遥远。你可以想象一下，在你工作失意时，有非常要好的朋友来安慰你。当你远行时，有你的父母在担心牵挂你。当你辛苦工作一天回家后，你发现你的妻子已经做好了一桌你最爱吃的饭菜。在你不幸生病时，有无数的亲人与朋友围坐在病床边关心你。当你成功的时候，有很多人与你一直分享。当你失败的时候，有许多人与你一直分担。还有情人节的玫瑰花，十一黄金周的外出郊游，甚至夜深人静时一个人的独处空间……看，其实这些都是能够给你带来幸福的地方，这些也才是你真正的幸福所在，你应该感谢你可以享用这样的日子。

或许，你觉得这些不是你需要的东西，你总是幻想那些虚无缥缈的东西。你觉得这些幸福太渺小，根本不值得一提，它们根本不是你想要的，在这里你觉得它们非常平常，根本找不到幸福的感觉。

如果你对于这些没有感觉的话，那么即使你走到天涯海角，你也不可能找到真正的幸福。因为你已经放弃了最宝贵的东西，反而去追逐那些根本不会让你感到任何幸福的东西，实在是舍本逐末的愚蠢行为。

真正的幸福永远是平凡而朴素的，甚至是容易被人忽略的。它就像一朵空谷的幽兰一样，悄悄地开放了，没有人知道，然后又静静地落了，还是没有人知道。而如果你不是一个有心人的话，你永远无法发现它。等到有一天你真的发现它了，那么可以说已经找到了最宝贵的幸福，并且可以说你是这个世界上真正聪明的人。

我们来听一下一位著名影星对于幸福的理解：

我心目中的小家庭其实很简单，一个小巢，干干净净，不需要太豪华，也不需要拥有太多的钱，只要有情有爱有温暖有体贴就行了。当我走进院门时，心爱的人无须过多表白，只需默默递上一杯水。回家的时候我们买上两个冰激凌，一人一个，边吃边聊，这样的生活太美了，我做梦都向往。

这不就是我们已经拥有的真正的幸福吗？是的，真正的幸福就是这个样子的。我们往往把幸福看得太崇高了，太不平凡了，反而忽略了最应该值得珍惜的东西。其实，幸福就在我们身边，只要你能够耐心地寻找，一定能够发现它们，它们永远存在。现在有很多人说幸福离我们越来越远，其实这句话应该反过来说才对，是我们自己离幸福越来越远了。

当我们羡慕别人的幸福，抱怨幸福从来不眷顾自身的时候，其实是一种眼高手低的表现。我们只看到了远方的海市蜃楼，却多少忽略了真正在身边的美丽风景。幸福不是追求得来的，而是发现得来的，因为它永远存在。所谓追求永远只是远方的东西，幸福不需要追求，只需要我们换一个角度来看待这个世界。只要你是一个真正懂得生命真谛和生活意义的人，那么，一定可以在最平凡的日子里发现最不平凡的幸福感觉。

很多人觉得自己不幸福是因为他们总是不能战胜自己的攀比心理，总觉得自己幸福不如别人，他们眼里只看到别人的幸福的一面，而不去发现自己的幸福所在。比如有的女人经常羡慕别人的丈夫为什么总是那么体贴，能够在家里做家务，甚至会照顾婴儿，却不知他的妻子正其实也在同样抱怨他没有突出的能力和卓越的社会地位，不能和别人一样赚很多钱，不能和别人一样交际广泛，只能天天闷在家里和她一起做家务。还有的女人羡慕别人的丈夫有身份有地位，走到哪里都是众人的焦点，却不知道他的妻子也正为他的早出晚归，甚至在外面包养情妇而整天哭泣。而有的男人则整天只是羡慕别人的老婆为什么那样贤惠，只要自己一回到家里就能有一桌可口的饭菜等待着他，却不知道她的丈夫每天都在为她的无端怀疑而吵架，甚至不想回家。还有的男人羡慕别人的老婆知情达理，善解人意，带到哪里都有面子，却不知道她的丈夫常常为她的水性杨花而感到痛苦，整日里担惊受怕。

对于这种现象，一位饱经风霜的老者是这样说的："这个世界很大，有很多东西值得追求，不过适合别人的不一定适合你，你要的幸福是你自己的，不是别人的，不用和别人比，所以，你只要抓住那真正属于自己的幸福就可以了。"

6. 放下埋怨，改掉抱怨心态

人生，总是充满很多无奈。对于一些我们不得不接受的事情，我们总是会抱怨。而这是完全没有必要的，因为人生本来就是如此。每个人的生命中都充满了各种各样的无奈，每个人成功也都是来之不易的。试想一下，如果成功的得来全不费工夫，那这样的成功也不会激动人心，也不会给我们带来巨大的成就感。

如果要想获得成功，首先要学会的是不抱怨，不埋怨，而是能够心平气和地接受一切困难与挫折。如果我们不能养成这样一种态度，那么离成功只会越来越远。

还记得以前的我们是什么样子吗？总是喜欢抱怨别人。抱怨父母总是唠叨不休。抱怨老师总爱给我们讲一些大道理。而在学校也抱怨学校的管理不够人性化，抱怨学习压力太大了，抱怨作业太多了，抱怨上课的时间太长了，抱怨考上好大学的概率太小了。在长大工作之后，又开始抱怨工作不如意，公司的管理太苛刻，工资太低了，领导不赏识我们。而结婚之后，我们又开始抱怨家庭生活太繁琐了，儿子女儿太不好管教了。在社会上我们又会抱怨交到真心朋友不容易，人心尤其难测，人们总是尔虞我诈。而我们也总是觉得自己生活得太累了，每天的生活毫无意义，丝毫看不到任何希望。

总之，我们看不到什么出头之日，觉得上天给予我们自己的太少，而现实的压力又太大了。而事实真的是如此吗？如果我们能够减小一些抱怨，那么或许会对生活重新燃起希望来。

相信很多人都看过热播的电视剧《血色浪漫》。对于剧中的主人公钟跃民，大家可能有不同看法，有的人喜欢他，有的人不喜欢他。而不管喜欢还是不喜欢，这个人身上的奋斗精神和对于生活的乐观态度是值得我们学习的。当然，在刚开始的时候，他也一直抱怨，觉得自己实在是倒了八辈子的霉。特别是在陕北插队时，当时的生活的艰苦异常，每天的工作相当辛苦，而食物也总是不够吃，很多人会因为太饥饿而无法入睡。而对于这一切，人们也是无力改变，于是大家只好每天晚上靠胡侃来打发时间。不过，聊完之后，又要面对明天的辛苦与无聊。对于这一切，他也曾抱怨不已，他也觉得自己生不逢时，什么不如意的事情都被自己碰上了。不过最后他也发现一切抱怨与痛骂都是没有用的，根本解决不了任何问题，大家还是要明天一大早就进来干活，每天还是照样吃不饱饭，睡不安。

不过，主人公身上的独特魅力也在这个时候得到了表现。他虽然也和大家一样抱怨，不过却能接受事实，并想办法改变现状，他也会给予自己希望。而不是像别的人一样，第二天醒来后还是沉浸在抱怨的泥潭中无法自拔。而这种精神也一直激发着他对生活的热情。在陕北插队之后，他又去部队当兵，后来甚至一度上了战场上。再后来他又经历了很多风波，曾经因为误会被拘留在监狱里。不过就是在这样无聊的日子里，他还是一样保持着一种乐观精神，甚至和拘留所里面的人员大开玩笑，自我解嘲。当然这种做法在很多人眼里也许过分了，我们虽然不一定认同他的做法，至少应该认同他的这种生活方式。虽然他和我们一样总是为现实所迫，甚至比我们遭遇的不幸更多，至少他能在短暂抱怨之后重新乐观起来。而不是像很多人一样，只是在抱怨中沉沦下去，对于生活再也没有了热情与梦想。更重要的是，在这之后，他很快就会想办法让自己开心起来。

后来这种性格也帮助他实现了人生梦想，他的日子也比一般人更加过得有声有色。这并不是说他的经济条件比别人好很多，而是因为他知道抱怨没有用，与其抱怨那些无奈，不如自己给自己找点快乐。这种态度其实也是一种幸福。

又经过了很多年，主人公和老朋友们在一起聚会。大家开心地聊起了过去的经历，然后谈论一些人生感想。这个过程中钟跃民也反思很多，把他前半辈子的经历从头到尾反思了一遍。不过感悟也并不是很多。然而，他终于还是明白了一点：人活着，就是为了开心而活，不是为了抱怨而活的。

一个人只有学会永远不对生活抱怨，才是一个成熟智慧的人。

很多人虽然也懂得这个道理，却做不到这一点。以前自己小的时候，因为有家人的庇护和关爱，我们不用第二天的生活发愁。不过那个时候非但不懂得珍惜，却还是总是抱怨父母管得太多，抱怨自己没有足够的自我空间。而其实如果我们仔细想一下，就会发现这种抱怨多么地荒谬，因为如果没有家人一直以来对于我们的庇护和照顾，我们根本无法正常生活，这种情况之下就算得到了自由又能够做什么呢？

后来我们真的长大了，开始独自在外为生活奔波了，父母不在身边了，我们也不用听到那些以前感到心烦的唠叨了，不过还是觉得自己活得非常累，还是不知道自己的"自由"在哪里。我们只是觉得自己活得很累，觉得生活压力太大了。因为没有任何可以依靠的人，什么都要靠自己去打拼，所有的问题都得自己解决，甚至也没有人能够真正地帮助自己。而这样孤军奋战的日子一长，就会觉得工作和生活的压力压得我们喘不过气来，对于生活就会有一肚子怨气，而如果有一个小小的刺激，那么内心长久储存的抱怨就会像潮水一样喷发出来了。我们发现，自己长大之后非但没有获得自由自在的生活，反而更加让生活所束缚，各种烦恼也是接踵而来，根本没有结束的日子。

对于生活，我们不满意的地方实在太多了，可以抱怨的地方也太多了。我们抱怨成功之路为什么那么难走，自己努力了很久还是没有到达成功的彼岸。我们抱怨自己赚的钱为什么总是不够多，明明已经非常劳累了，可是得到的金钱还是那么一点点，我们永远会了自己生活得不够富足而忧心忡忡。我们会抱怨为什么有些事情那么难做，已经付出了很大努力，事情还是没有任何转机。我们也总是抱怨看不到任何成功的希望，觉得前途总是那么渺茫。而这样一来，就会发现自己没有过一天快乐的日子，每天生活都非常累。我们抱怨自己为什么不能像别人一样快乐。而其实造成这一切的罪魁祸首只是我们自己，试想一下，如果对于生活没有这么多抱怨，又怎么会活得如此之累呢。

其实，大家的人生都是一样的。有的人之所以幸福，并不是因为他的运气特别的好，没有遇到那么多烦恼。而是因为他们在烦恼来临的时候已经学会自己克服自己的抱怨情绪，对于任何不愉快的事情坦然接受，并且能够用乐观的目光来看待。而如果我们的眼睛还是只盯着那些不如意的事情不放，不去主动积极找寻那些快乐的事情，不会享受快乐的时光，那么最终也只会在抱怨中虚度，没有任何改变命运的可能性。而且在这种抱怨中，我们对于生活原本的希望也没有了。可以想象一下，如果一个人没有希望了，那么他的生活还有什么意义？所以我们一定要克服自己的抱怨心理，让自己快乐起来。然后在这种快乐的心情中去追寻自己的目标，这样我们的目标才更有可能实现。当然，如果要最终实现这个目标，还得学会在追寻的过程中保持永远不抱怨的心态，从而找到人生的幸福。

所以，让我们赶紧把那些对于生活的各种抱怨丢掉吧。因为生活本身就是对每个人的一次次考验，考验人的智慧，考验人的斗志，也考验人的耐性。而对于耐性的考验就体现在一个人对于生活的态度上。一个人只有不抱怨了，才有可能幸福地生活。那样他人生的绝大部分时间才有可能用来享受生活，而不是抱怨生活的，这样才不会觉得自己生活得那么累。

其实抱怨和幸福是成反比的，只要抱怨少了，希望就会更多了，快乐就会更多了，而幸福也变多了！

也许很多人要说，这些道理我也明白，只是做起来太难了。一个人怎么可能对于生活毫无抱怨呢。任何一个生活在这个世界上的人也不可能对于生活永远不抱怨，因为那些可以抱怨的事情实在太多了。在公司里会因为自己没有奖金而抱怨，上学时会因为自己没有考好而抱怨，有孩子了会因为孩子调皮而抱怨，和朋友在一起会因为误会而抱怨，和爱人在一起也会因为一时发生的口角而抱怨……总之，生活总是有太多太多的事情不如意了，而就算我们心态再好，面对这些也不得不抱怨。

当然，这些也都是真实存在的事情，生活中确实有太多的事情可以抱怨了。不过，我们要学会调节自己的心情。我们不妨向婴儿和老人们学习一下。因为他们是这个世界上真正可能不抱怨的两种人。婴儿根本没有独立意识，也从来没有经历过人间的沧桑，不知道人间的辛苦。所以他永远对于生活怀有信心与希望，觉得活着是非常美妙的事情，饿了就吃，困了就睡，也不知道抱怨为何物。因为无论他们做什么，也不会得到别人的责骂，无论他们想得到什么，也总有人帮助他们拿来。而老人们不抱怨因为他们已经饱经风霜了，看透了人间的一切世事变迁，也看破了红尘中的男男女女，对于一切成败得失已经完全看淡了，所以他也明白抱怨完全没用，根本不能改变任何现状。所以，他们选择了接受一切，好好生活，因为接下来的日子也已经不多了，如果不在当下快乐一点，那么只有带着遗憾离开了。而处于中间的我们反而不能看透这一点，其实只要能拥有这两种人的心态，远离抱怨就不会觉得太难。

生活是客观存在的，也是无法改变的，所以我们需要主动地去理解生活。只有理解了生活，才会不抱怨生活，最终爱上生活。这样你才不会总是觉得自己怀才不遇，生不逢时，也不会牢骚满腹，觉得自己没有人理解，也不会那么悲观失望。

与其花那么多时间来抱怨生活，不如找时间好好地认识自己。调整一下自己的心态，总结一下一路而来的经历，探讨出幸福生活的真正意义。在这个过程中保持心平气和，当你能够对于自己和生活以及整个人生有一个清醒的认识，你就不会再对生活抱怨不休了。

这个时候，你非但不会抱怨生活，反而会对生活有一种感激的心理。而这时，在我们眼前出现的人生图景也是丰富多彩，色彩斑斓的。

7. 改变心态就会得到快乐

生活总是充满了波折。我们也不可能保证事事如意，然而我们可以保证要把那些不愉快的杂质统统清理掉，从而保持快乐的心境。而如果我们无法做到这一点，总是把各种忧愁写在脸上，把各种不满挂在嘴上，那么永远无法改变自己的处境，永远只是觉得自己是一个十足的倒霉蛋，并且无论如何努力也找不到任何峰回路转的机会。抱怨只会加大我们的忧愁，却从来不会解决任何问题。特别是处在一个很坏的境况的时候，如果还是无止境地抱怨，那么只会让事情变得更糟！在抱怨之后还是面对这些不好的境况，这种境况也不因为我们抱怨而减少。并且由于这个时候我们的心情十分糟糕，处理这种情况更加心烦意乱，所以生命中的厄运只会更加糟糕。

我们可以用鲁迅的小说《祝福》分析一下。书中描写了祥林嫂的人生悲剧，她的悲剧当然值得别人同情，不过她的抱怨与唠叨反而让人们更加不愿与她接触。祥林嫂见了人，每次一开口总会说："我真傻，真的。"别人还不知道是怎么回事，她就又会说："我单知道雪天时野兽在深山里没有食吃，会到村里来；我不知道春天也会有。"然后接下来，她又开始没完没了地向人诉说自己的不幸，结果大家没有一个人愿意搭理她，而她自己也陷入了一种更深的不幸中。

现实生活中抱怨给人的感觉，虽然没有祥林嫂那么严重，有些也是差不多的。事情既然已经发生了，你再没完没了地怨天尤人都无济于事，这样只会让自己的心情更加痛苦，情绪也越来越低落，最终也会影响别人的心情。而这一切对于改变目前不好的境况没有任何好处，不可能起到任何帮助的作用，反倒会让事情向更坏的方向发展。

这几年，张爱玲的小说一直非常受欢迎。除了她的短篇小说之外，她的长篇小说《半生缘》也有很多读者。而相信读过这篇小说的人，会对里面一个情节印象深刻。当那个男主人公在外面事业上受了打击之后回到家里，老婆此时已经等待了很长时间，不过男人却对她毫不理睬，只是一个人走向卧床，这个时候老婆实在无法忍受了，就厉声指责对方："你还知道回来啊你？你知道我等你等得有多苦吗？你就不能考虑一下我的感受吗？你为什么就不能理解一下我呢？"而男人本来心情就不好，听了这话自然更加糟糕，就对她说："怎么着？你以为我喜欢回家看你那张怨气冲天的脸啊？"最终两个人吵得不可开交。而这些其实根本就是小题大做了。

而小说中的另外一个女人霄云却一直拥有幸福快乐的生活，这并不是因为她多么美丽，也不是因为她的家庭如何富裕。只是因为她的人生态度一直是乐观向上的。这使得她总是能够无时无刻散发出一种吸引人的魅力。她从不抱怨什么，说起话来总是温柔动听，对于别人无论是熟悉的还是陌生的一样满脸笑意。当然她也不会因为生活、工作繁忙而埋怨别人。她所有的朋友，都非常乐意跟他在一起，甚至很多人成了她的崇拜者，每有一些无法解决的事情，总要和她商量。

而霄云也一直认为，心生怨气是完全没有必要的。这不仅是拿别人的错误来惩罚自己，还会扰乱自己的正常生活。如果控制不好的话，特别是处在一个很坏的境况时，如果只是没有节制地抱怨，只会让事情陷入一个无法解决的境地。

生活中的抱怨也不仅仅是一个人的事情。如果一个人抱怨太多，那么在杀死自己的快乐生命的同时，还会把友谊拒之门外，也会使得爱情的鲜花很快凋谢，最终会使得自己建造的乐园化为灰烬。而如果一个人抱怨不休的话，那么最终也会让他的整个人生变作悲剧。抱怨会让快乐无法到来，也让人错过了身边的美好风景，最终也辜负上天给予我们的无限宝贵的生命。

人需要随时发泄自己的情绪。如果为了在别人面前保持一个良好的形象而故意把抱怨堆积在心里，永远不发泄出来，最终只会让自己的心态和情绪变得更加不可收拾。而一个人长期生活在这样一种状态下，不难想象，他也不可能得到幸福。因为他心里的痛苦越来越深了，一个忧愁没有解决的时候，又有新的烦恼和抱怨进入了他的内心，这样一轮过后又开始新的一轮，永远没有结束的日子。所以，重要的是改变心态，变得积极，而不是只在口头上减少抱怨。

无休止的抱怨只会让人陷入一种恶性循环里。人们因为苦恼而抱怨，也因为抱怨而更加苦恼。这样下去，就会在苦恼中无法自拔。甚至开始认为，自己一生已经注定这样了。自己注定运气没有别人的好，也注定自己的能力不如别人，也注定没有别人那样好的机遇，最后也注定自己过得不如别人。当然这些都不是最可怕的后果，最可怕的后果是他已经习惯了这种遭遇，对于生活也没有了任何热情，只是得过且过地混日子。

最后，我们不妨用一句话来鼓励自己：每个人的一生中都难免有缺憾和不如意，虽然我们无力改变这个事实，但我们可以改变看待这些事情的态度。

第三章
名利乃身外之物，不可过分求之

　　人活着主要就是为了满足自己各种各样的欲望。而在所有的欲望当中，名和利是多数人一生都在追求的东西。从正面角度讲，名代表了这个人的成就和他受欢迎的程度，会成为一个人奋斗的动力；利代表了一个人付出后的回报。不过，人们的错误在于把名和利当作了人生的全部主题，而忽略了其他一些对于我们的人生更加重要的东西。

1. 懂得自尊，切勿爱慕虚荣

虚荣心是人的一种非常普遍的心里，这个世界上的人每个人都是有虚荣心的。不过有的人虚荣心强一些，有的人虚荣心弱一些而已。当然有一些虚荣心也不见得是坏事，因为没有任何人希望自己在别人眼中一无是处，虚荣心会让我们有更多的奋斗动力，从而更能收获一个壮丽的人生。不过过度的虚荣心就有非常大的危害性了，容易使一个正常人变为名利的奴隶，失去了对于生命最本真的追求，在追逐名利中丧失了真正的自己。

希腊神话中，《赫耳墨斯和雕像者》这个故事对于这种现象给予了深刻的揭露与讽刺。

赫耳墨斯本来是一位地位不高的神，却非常虚荣。他十分想知道自己在人间究竟处于一个什么样的地位，受到人们多大的尊重，于是就化作了一个凡人，来到一个雕像者的店里，这家店里有很多希腊神话人物的雕像。他首先看见的是宙斯的雕像，这是希腊神话里的最高天神。于是他问道："请问宙斯雕像值多少钱？"雕像者回答道："只要一个银元，先生。"赫耳墨斯听了以后非常高兴，原来这个所谓的最高天神并没有自己想象的那么值钱，于是他又问道："赫拉的雕像值多少？"雕像者说："还要便宜一点。"赫耳墨斯更加高兴了，那些本来地位比他高的天神价格也不过如此而已。后来他看到自己的雕像，觉得非常得意，他认为自己虽然身份没有那么高贵，不过身为神使并且是专门庇护商人的庇护神，那么可以想象，人们一定会对他更尊重些，自己的价值应该非常高，并且如果不出所料的话，自己应该是这个店里价格最高的天神。于是他指着自己的雕像，十分自信地问道："这个多少钱？"然而他得到的答案是他做梦也想不到的，这个雕像者竟然回答说："假如你买了那两个，这个是赠品，白送。"

赫耳墨斯一下子羞得面红耳赤，灰溜溜地逃走了，根本没有一点天神应该有的风度了。可怜的赫耳墨斯，本以为自己是价格最高的天神，期望得到人类的最高景仰，没想到自己却一文不值，竟然只是一个添头和摆设而已。这故事就如同当头一棒，教导人们不要有那么多的虚荣心，过度的虚荣只会让自己傲慢自大，最终迷失了自己。而人类的虚荣心也确实是与生俱来的，不可能完全根除，我们要做是其实不是根除掉它，而是合理地控制它。因为适度的虚荣其实是一种自尊心的象征，本来是无可厚非的，说句通俗的话，人活在这个世界上还不是为了一个面子么。面子的来源也就是自尊心，而自尊心的一种表现也就是虚荣心了。不过过分的自尊则导致一个人变得非常虚伪，说话言不由衷，甚至嫉贤妒能，阳奉阴违。要么为了表现自己的才能故意恃才傲物，以致最后害了自己。还有的生怕别人的才能超过自己而在暗地里陷害那些比自己有才能的人。更有很多人明明不学无术，反而不懂装懂，故意夸夸其谈，哗众取宠，说一些别人没有说过的话，然而最终的结果也必然是被人识破，再也没有立足之地。

2. 人前别炫耀，牛皮吹不得

著名思想家孟子在他的名著《孟子·离娄下》中记述了这样一个故事：说的是齐国有一个人，家里有一个妻子和一个妾。这个丈夫非常爱慕虚荣，他每次出门，总是吃得饱饱地，喝得醉醺醺才回家，然后向家里的人炫耀一番，说自己每天工作十分繁忙，交往的一些人全部是有钱有势的人，自己在外面如何如何风光，别的人如何如何羡慕自己，等等。然而他的妻子并不相信他说的话，因为她知道这个丈夫虽然每次出门，总是酒足饭饱才回来，然而家里根本从来没有来过有钱有势的人，来的全部是一些不成器的狐朋狗友，而他每天的出入也非常神秘，从来不说究竟在什么地方和什么人在一起，于是这个妻子决定第二天亲自跟踪他，看他到底去些什么地方。

于是第二天早上一起来，她看到自己的丈夫出去以后便立即跟随在丈夫的后面。当然她极力压低自己的脚步，所以她的丈夫根本没有发觉。她的丈夫一开始只是在城里四处转悠，根本没有一个固定的去处，中间路过很多有钱有势的人家，可是他根本就没有勇气进去。并且走遍全城，竟然没有一个人主动过来和她的丈夫说话。不过她的丈夫好像也不想和别人说话，只是一个人继续往前走，很快竟然出城了。这个时候这个妻子感到非常奇怪，因为城外根本没有什么人家，只有许多墓地，到这里来究竟能干什么呢？不过没过多久她就得到答案了，这让她非常震惊。因为她的丈夫走到了东郊的墓地，竟然向那些祭扫坟墓的人要些剩余的祭品吃，在一家吃不饱，竟然又去别的墓地里乞讨，这实在是太丢人的事情了，原来这就是他每天的作为，也是他能够酒醉肉饱的办法。

他的妻子非常失望，回到家里，把这个事情告诉了他的妾，两个人一直感叹："丈夫本来是我们希望能够终身依靠的人，没想到他竟然是这样的人！"二人在房间里哭泣起来，而丈夫还不知道，仍然还是得意洋洋地从外面回来，还在他的两个女人面前吹嘘自己如何如何。

这个故事的意义无疑是非常深刻的，它的讽刺意味也是非常辛辣的。对于人的爱慕虚荣的心理做了深刻的揭露，因为虚荣使得一些人在自己最亲爱的人面前还不断撒谎，欺骗最亲密的人的感情，虽然并没有造成什么严重的社会危害，然而却使得整个家庭支离破碎，人与人之间的关系充满欺骗与怀疑，最后也会衍生恶行和悲剧。因为在一个人虚荣心过度的时候，有可能为了满足自己的虚荣心，说出一些弥天大谎，甚至做出一些罪恶的事情，明着或者在暗地里去伤害那些比自己强的人，并且不择手段，不计较任何后果。一个人要想战胜自己过度的虚荣心就要学会有一个自知之明，不要对自己的优点过分炫耀，不要自命清高，不把别人放在眼里，当然也不要妄自菲薄，认为自己处处不如别人，从而丧失了自己的自信。要能够客观而真实地看待自己，既要看到自己的优点，也要看到自己的缺点，知道自己强的哪里，弱在哪里，哪里可以战胜别人，哪里需要不断补充增强。如果不能做到这一点，对于自己的成长是非常不利的。

我们可以来看下面这个小故事。说得是从前皇宫里有一个土罐和一个铁罐，其中铁罐总是觉得自己了不起，因为它确实更加结实也更加漂亮，因此它每天口出狂言，说自己如何如何了不起，对那个土罐则根本不屑一顾，觉得它迟早会被抛弃。因为它看土罐既不结实，也不漂亮，根本一无是处，于是经常奚落土罐就成了它每天的主要活动之一。而土罐对于这一切总是一笑置之，因为它十分清楚自己的用途。它并不会感到自卑，自己和铁罐一样都是用来盛东西的，不过盛的东西不一样，二者的质地有区别而已，根本没有什么贵与贱的区别，谁也没有必要看不起谁，大家半斤八两。若干年后，这个皇朝覆灭了，许多宫中的东西都被埋在沙土里。过了上千年之后，两只罐子历经岁月的风霜，表面上都堆上了一层厚厚的尘土，没有了以前美丽的模样了。后来当考古学家无意中发现了这个已经破旧不堪的宫殿时，首先看到是就是那个土罐，因为它没有变质，于是在经过一系列的处理之后，这个土罐竟然恢复了以前的模样，还是那样朴素美观，看不出任何损伤。

于是人们纷纷对这样一个能够历经千载仍然不失风采的艺术品而赞不绝口，它很快被抬到了附近了博物馆里面供人们参观展览，创造出了非常多的收入。而那个曾经自以为非常了不起的铁罐早已找不到了。因为它已经被空气氧化锈蚀了，虽然当初确实比那个土的要结实美丽得多，然而也由于本身无法抗拒大自然的侵蚀。同样是两个罐子，最终的结局却让人唏嘘不已。这说明，无论是物，还是人，只有真正懂得自知之明，清楚自己的优劣所在，才能不至于迷失自己，不说一些过头的话语，从而真正找到一条适合自己的道路，最终获得别人羡慕的成功。

懂得自知之明，正是击败的虚荣心的最好武器。说起来，一个人追求名声和利益原本无可厚非，可以说也是一个人不断突破自己、整个人类社会不断前进的动力之一，那么这里决定事物向好的方面还是向坏的方面发展的关键因素，是这个人为了自己的追求所采取的手段。

正确的方法应该是首先有一个自知之明，不妄自尊大，也不妄自菲薄，客观而冷静地弄清楚自己的现状。然后制定出一个符合自己的人生目标，接着坚持不懈地一步一个脚印走下去。无论目标多么遥远也不后退，无论遇到多大困难也不反悔，这样才是一种真正正确的方法，也是一个真正聪明的办法。

而有的人则不是这样，明明自己在这一方面处于劣势，却硬要显示出自己高人一等的样子。例如，明明自己家庭条件不好，反而故意在别人面前表现出一副阔气的样子。明明对于一个领域完全不懂，反而故意装作自己什么都懂的样子。明明自己的能力有限，需要别人的帮助才能完成，反而故意在别人面前自吹自擂，夸下海口，说自己一定能够成功。并且天真地以为，自己在别人眼中是一个了不起的人。实际上很多时候并不是别人没有看出来你的虚荣与虚伪，只是不愿意说出来而已。这样的人如果仍然执迷不悟，那么会发现，不久之后，根本没有任何人喜欢和他在一起了。

因此，如果一个人要想获得别人的积极评价，那么只有通过自己的实际行动来证明给人们看。并且要知道量力而为，不要总是夸海口，特别是在没有完成之前，不要说一些大言不惭的话，因为往往最后可能因此而成为众人的笑柄。

3. 淡泊明志，看清得失利害

鸟在天上飞，有时候晴空万里，它们飞起来非常轻松，而有的时候又会狂风暴雨，它们飞起来非常吃力。船在海上行进，有的时候风平浪静，航行起来一帆风顺，没有任何阻碍，而有的时候波涛汹涌，随时都有倾覆的危险。同样，在我们每个人的人生旅途上，也总是会有这样那样的挫折和不幸，有的时候我们会屡战屡败，根本没有丝毫出路，然而有的时候我们也会时来运转，万事如意，做什么事什么事成功。

这其实都是非常普通的现象，像这种事情每天都在发生，成功与失败的圈子永远在轮回中，所以我们要能够以一颗平常之心来看待周围的一切和发生在我们身上的一切。一切波谲云诡的交际关系只不过是最普通的现象，社会的言论褒贬不一也是客观存在的一种现象，人生的悲欢离合也是最自然的情感流露。所以，我们对于这些完全没有必要感到无所适从，要坦然地去接受它们，主动地接受它们，只有这样我们才能不受它们的负面影响，真正活出一分潇洒与自在。

人生无常，有得到就必然有失去，人们往往会在失去中再度得到，也往往会在已经获得之后再度失去，这就像天理循环一样，永远没有尽头。

而关于得到与失去，三国时刘劭著《人物志》中有这样一段精辟的见解，我们可以来分享一下："有才德的人知道吃亏受损实际上是有好处的，所以有一份功劳却可以得到二份的美誉；见识浅薄的小人不知道自己占了便宜实际上是一种损失，所以自夸其功，结果功劳和名誉一起损失了。"

实际上，这是从另外一个方面来论证了得到与失去的道理，深得道家思想的精髓，也包含了深刻的辩证法思想。我们往往在这个社会上看到那些彼此争功自夸的人，而其实真正有功的人是从来不会自夸的，也正因为他们的不自夸，反而是另外一种真正的夸功。比如西汉初年的萧何，这个人从来不出风头，在刘邦分封大臣功劳的时候一点也不抛头露面，总是甘愿居在别人后面，而最后刘邦却毫不犹豫地把他列为第一功臣。

在两军交战之中，咄咄逼人的一方往往是战争的失败者，刚开始让步的人往往能够最终战胜对方。在著名的马陵之战中，孙膑面对自己的老同学庞涓的强势进攻故意装作无法抵挡的样子一路后撤，而庞涓果然轻敌冒进，最后进入了孙膑预先设下的埋伏圈里，进而落得一个横刀自刎的下场。

对于这一点，古人早已有非常精辟的论述。真正聪明的人往往会在与别人冲突时故意显得自己不如对方，从而最后战胜对方。面对廉颇咄咄逼人的言辞，蔺相如表现得举重若轻，在遇到廉颇时引车回避。这一行为虽然有点示弱，然而在这一行为中却使得廉颇感到了自己的行为是多么地荒唐，最后完全拜服在了对方的心胸里，负荆请罪，二人重新和好，共同为了赵国的安危而努力，成为千古美谈。所以，我们面对一些不如意的事情，一定要能保持心平气和的态度，更不能只是计较眼前的小利益而因小失大。对于一些现象，要懂得忍让才是最好的办法。这并不是示弱，而是一种生命的坚忍与顽强的标志，学会以退为进，化被动为主动，是真正的人生大智慧。

一个人无论如何有才能，也不可能会永远成功，大多数人其实失败比成功的次数要多得多，这是一种常有的现象，成功往往只会在失败之后才到来。所以，我们不用奢望自己永远成功，我们要学习的是如何面对失败，承受失败，并把失败转变为成功。因为成功并不仅是真正地做成了一件事，也是一种精神状态，只要自己的斗志还在，自己的雄心没有消磨，那么，成功只是一个时间问题。那么我们在面对失败时，更没有必要灰心失望了，这只是成功之前的一个必然过程而已。一切都要以一颗平常心淡然待之，由于一时失败而一蹶不振根本不是一个成熟理性的人所为，只是因为一时的失利就垂头丧气当然更不值得我们效法。

4. 盛极必衰，切莫贪图名利

我们真正要拥有的是一个顽强的心理承受能力，无论多少失败与挫折，也不会被打垮，暂时的失败根本不值得我们去烦恼，任何打击也不能让我们丧失对于生命的潇洒与从容。一切坎坷困苦不是成功的绊脚石，反而是成功的垫脚石。失败并不可怕，可怕的是不能正确面对失败。当然如果有可能的话，我们还是要尽可能地预防失败，如果能够做到事先避免失败，当然是最好的。要做到这一点，首先就需要我们养成一个良好的习惯，因为习惯决定了我们的生活方式，也是我们成功的关键。可以说，没有好习惯，就没有成功可言，成功是在好习惯支配之下的必然结果。

当然这个习惯包含了非常多的内容。其中比较重要的一条就是我们在面对暂时的失败的时候，不能垂头丧气，妄自菲薄，从而失去了继续奋斗的勇气。与之相对应的是我们在面临自己的成功的时候，也不要骄傲自大，忘乎所以，甚至从此不再努力。我们要学会看淡失败，同时也要学会看淡成功，它只不过是一个结果而已。生命的过程在于奋斗与追求，不是成功，也不是失败。因为成功与失败都只是一个很短时期的结果，我们生命绝大部分时间其实是在奋斗中度过的。

所以，我们在任何时候，都要有一种空杯归零的心态。不计较一切从零开始，只要我们已经开始努力了，那么时间永远不晚。还有，也要学会低调做人。当然，每个人都有表现自己的欲望，我们很多时候，特别是在自己非常成功的时候也会忍不住锋芒毕露，然而我们必须明白枪打出头鸟的道理。过分张扬的结果必然是遭人嫉恨，甚至有可能被人陷害，因此低调做人的道理永远是不过时的。在成功之后，要懂得急流勇退，见好就收的道理。不要还是贪得无厌，要知道月满则亏，盛极必衰，没有人能够永远成功，也没有人能够永葆长青。到了自己应该离开的时候，千万不要有任何的留恋，潇洒地离开就行了，这样还会得到一个好名声。如果还是占住位置不放的话，那么最终的结果将很有可能是晚节不保。

对于别人的称赞，我们也要保持一个客观冷静的头脑。因为现实中，人们说话往往有一定目的。也许并不是真正地想称赞一个人，而是为了得到别人的好感，故意说一些恭维对方的话语。对于这样的话语大可以一笑置之，不必当真。当然也有的时候，别人确实称赞我们身上的优点与长处了，完全符合我们的期待，这个时候当然可以表现出心中的兴奋之情。然而在兴奋之后，要学会能够马上走出来，而不是沉溺其中，难以自拔，那样只会让我们最终不能正确认识自己，甚至终日自我陶醉，从此不再进步。因此，对于称赞一定要能够坦然处之，特别是对于其中的"水分"，一定要能鉴别出来。称赞的话语固然可能是发自肺腑的真诚之言，在很多时候也有可能是应酬，只是为了博得对方好感而已。

所以，无论在什么时候，我们也要学会淡泊一些，被别人称赞当然是好事，但是因为别人的称赞就忘乎所以肯定不是什么好事。称赞是对于自己的一种肯定，这是我们应该保持的正确心态。不过称赞并不应该成为我们停滞不前的理由，反而应该成为我们再接再厉的动力，一时的成功根本没有什么大不了的。只要继续努力，那么我们将有更大的成功。

当然，对于别人的称赞，我们也要学会进行有礼貌地回应。在这个过程中既要表现出自己的谦逊，又要表现出友好。当别人称赞我们的时候，不管是真心称赞还是出于对我们的恭维，其实都是一种友好的表示，我们当然不能冷落对方。一般而言，对于别人的称赞我们也不必要过分谦虚，过分谦虚的话必然是在否定对方的观点，而这有可能会伤害到对方的感情，甚至对方可能会觉得我们有些虚伪了。所以正确的做法是坦然地接受对方的称赞，并说声"谢谢"，同时表示自己获得这一点有很大的运气成分。然后找到对方的一个优点进行称赞，这样我们会发现，自己与对方的关系在无形之中亲近了许多。

5. 活得累都是自己找的

从小，我们就被教导要向那些历史名人学习，要像他们一样成功。长大之后，我们也被要求向单位里的先进人物学习，于是我们认为，一个人要活得有声有色，才算是真正的人生，人生所有意义也就在于把自己变得更加强大。然而，我们所不知道的是，在这个过程中已经迷失了自己，我们已经习惯去追求轰轰烈烈，却不知唯有平淡的生活才是最惬意的，也是最真实的，也是我们生命中在大部分的时间都要在这种情况下度过的。就算那些伟大的人物也不例外。

我们可以试想一下，一个人能够真正轰轰烈烈的时候有多久呢？只不过是在取得重大成功之后那非常简短的一瞬间而已。而大部分的时间，其实人们都是在奋斗，也可以说是在等待，是这个过程中不断提高自己的能力，然后等到最合适的机会完成那最辉煌一击。等到这一击过去，以后的时间又是在漫长的时光里不断积累自己。自古以来，许多仁人志士，刚开始的时候也总是想要干出一番轰轰烈烈的事业，可是现实往往不如人意，很多时候，他们的雄心壮志根本无法实现。然而，这并没有让他们消沉下去，他们反而在这个过程中领悟到了人生的真谛，在与大自然最亲切的对话中找到了生命的真正意义之所在。

他们懂得，生命的意义不在于我们从生活中得到了什么，而是在生活中欣赏到了什么，领略到了什么。生命中不是缺少幸福，而是缺少领略，只要能够把自己的心平静下来去领略生活中一切美好的事物。就会发现，生命原来是如此美妙，人生原来是如此美好，许多原本不为我们所注意的事物其实都可能让我们的生命感到更加充实。

所谓小隐隐于野，大隐隐于市。事业的成功当然也是我们应该追求的，不过成功的时间往往是短暂的，人生大部分时间还是要在平平淡淡中度过。在这个过程中，若不能在平平淡淡中得到幸福，而是把自己的终生幸福寄托在那些短暂的成功时刻，不是太愚蠢了么？

人生不过几十年，为什么要自己这么累地活着？为什么不能对自己的现状感到知足？为什么总是为那些难以实现的愿望而长吁短叹？为了这些身外之物而伤神费脑值得么？为什么不向陶渊明学习一下，什么事业顶峰，什么高官厚禄，什么宝马香车，这些东西除了能够让你感到短暂的虚荣之外，还能为你带来什么呢？你会因为这些而变得更加充实么？不会吧，所以让我们勇敢地放下那些对于得与失的过分执着吧，平平淡淡才是真。在这个情境里，我们可以领略到"采菊东篱下，悠然见南山"的乐趣，这不是一种高超的人生境界么？这样的生活，不是真正的自由么？在这种生活之中，没有什么能够让我们感受到羁绊，岂不快哉？

是啊，在这样的日子里，我们可以无拘无束地去领略云淡风轻的美妙，去与大自然进行最亲密的对话，去沉静下来思索生命的意义，去找回最本真的自我。而这样的日子里，我们也不需要太多，一间舒适的房子，一个美满的家庭也就足够了。

其实，在古代，人类的生活需求原本也是非常简单的。那个时候远没有现在发达，虽然人们过着非常艰难的日子，然而他们的欲望也没有这么多，他们对于生活的要求也很低。没有过多的欲望，自然也就没有了过多的烦恼。很多时候，他们只要吃上一顿丰盛的晚餐，和大伙玩乐一会就会感到非常幸福了。

现在则不同了，物质生活虽然更加丰富了，人们的欲望也随之没有节制地扩大起来，大到根本无法满足的地步，大到给人们带来无穷无尽的失落感。人们总是觉得自己活得不快乐，自己的愿望没有实现，别人比自己过得更好，等等。然而，我们可以换个角度来想一下，人生在世，也不过几十年的时光。一个人无论如何显赫一时，到最后，还是要归于黄土。而在生前所耗时费力换来的物件，其实你一样都带不走。在你死了之后，它们还是纹丝不动地安放在它们原来的位置，不会对你的死亡有任何感受。并且，伴随着你的死亡，它们也会有新的主人了。而想想你自己，却为了它们献出了一生的时间，想想这些，不觉得自己的做法太得不偿失了么？

6. 人生的长久幸福来源于平淡

有的东西，根本不是你真正需要的。你之所以会追求它们，只不过因为大家都在追求，或者大家普遍认为它们值得追求，是一个人能够赢得尊敬的标志。所以你根本没有来得及想象自己到底需不需要它们，就开始匆匆地上路去追求它们了，并且永无休止。于是，你的时间、青春、精力也都毫无保留地为它奉献出去了。可是，到头来，你又得到了什么呢？是的，最后你可能得到它们了，别人也因此更加尊敬你了，可是你真正地感到幸福了么？这个时候，你觉得迷惘了，甚至你自己也不清楚为什么非要拼了命地找寻这些东西。只有回首再看时，你发现那些为了找寻它们而付出的青春与时光已经一去不复返了，你不知道自己究竟是得到的多，还是失去的多。

所以，对于那些大家都在追求的东西，我们要有一种冷静的心态。事业上的巨大成功当然能够让我们感到一种巨大的满足，不过这些东西迟早是会消失的。并且它们能够让你陶醉的时间也是非常短暂的，大部分的时间还是要在平平淡淡中度过。而如果不能忍受这种平淡，或者享受这种平淡，意味着你生命的大部分时间都要在一种空虚与不幸福的感觉中度过，那么最终受害的还是自己。生活不是因为我们的思想而改变，能够改变的是我们自己的思想。所以，也不必再陶醉于那些轰轰烈烈的成功了，还是让生活归于平淡为好，只有在这个过程中感受到的快乐才是长久的，也才是充实的。

其实，人的一生中真正长久的幸福也是源于平淡，源于对生活的坦然接受，源于心无杂念，源于顺其自然，源于你的无所奢求。就像是一条安静的小河一样，没有那么多的波澜壮阔。也就像一个天高云淡的日子一样，没有那么多的狂风暴雨。就像一座小山一样，没有崇山峻岭，然而给你的感觉却那样的亲切与轻松。

而你的追求也要改变一下，不必为了别人的评价和尘世的喧嚣而活着。你要学习一如山间淡雅的幽兰一样，不必要一定要让别人知道。其实你也一样抗拒了狂风暴雨和似火骄阳，你的生命力并不比菊花与梅花脆弱，你的小小的花蕊也许不如牡丹与荷花亮丽，然而它们掩藏在花瓣之间的姿态还是那么美丽，不过你并不会因为这些而骄傲自大，保持着一种与世无争的态度。你只是淡淡地盛开，这盛开也不是为了要让别人赞美，而是为了让自己的生命更加充实。总之，整个过程你不带一丝张扬，连盛开也是那么的低调平凡。就在一个静静的夜里，你盛开了，也许根本没有任何人知道。然而你还是盛开了，似乎根本也不想别人知道，你吐露出似有若无的清香，让人不由得心生爱怜与钦佩。人们在一个非常偶然的机会里发现了你，你虽然看似平淡无奇，然而你的高雅的姿态却是无可比拟的，你用最清幽的形态构筑起自己平淡的生活空间，你诠释生命的另外一层更加高深的意义，对于人们的追求指明了一个新的方向。

可是，我们现实中的绝大多数人根本做不到这一点。原因当然有很多，比如人生有太多的诱惑撩拨着我们不够坚固的心理防线，人生有太多的选择左右了我们原本清晰的头脑。这个世界太复杂，有时候亦真亦假亦幻，令人不能真正看透它的本质，从而也难以取舍。身边的人们也是形形色色的都有，他们的不同评价以及不同做法无形之中也会影响到你。总之，你可以找到一大堆客观理由。这些理由当然看起来也非常充分，每个人也确实在面临着类似的困境，不过这并不是最重要的。

马克思主义哲学告诉我们，内因是事物发展变化的根本因素，外因也只是通过内因才会起作用。那么刚才列举的那么多全部是客观因素，是外因，不是根本原因。根本原因还在于你自己，在于你自己的心境太浮躁，不能平静下来思索并接受生命中的一切。人活着本来就是不容易的事，要随时面对各种各样的烦恼与欲望，时不时地还会有身边人的负面影响，所以一个人要保持平淡的心境很难。然而，就因为困难，所以才显出它的可贵。如果人人随便都可以保持的话，那么这种平淡也毫无意义可言了。而你如果能够战胜自己，享受到平淡的快乐，那么即使你事业并不像别人那样成功，也可以说你是一个真正幸福的人，也是一个真正有智慧的人。因为你懂得什么才是最重要的，什么才是最值得追求的东西。

7. 在平淡中藏着幸福的影子

如果你认真感悟，就会发现，其实人的生活，也就像一条永远日复一日地流淌在我们面前的小溪一样，基本上一成不变。虽然有的时候会有惊涛骇浪，不过这些都会一闪而过，根本不可能长久。然而这个小溪也有它的美丽与可爱之处，不过并不会像惊涛骇浪那样明显，需要我们沉静下来才能感觉得到。如果我们不能感觉到真正的美丽，那么只会让它的流动姿态磨蚀着我们心灵的激情，最后甚至把我们的幸福感与雄心壮志全部消磨光了。于是会有非常空虚的感觉，觉得生命中的日子是那么地无聊，也是那么地无趣，一切奋斗好像根本没有任何意义。

其实，生活本身并没有改变什么，它也不会改变什么，改变的只是我们的心情。我们太眼高手低了，我们的欲望太多了，并且根本没有一个主次。所以，我们在接受生活的同时，总是不愿意接受它的平淡和琐碎的一面，总是觉得轰轰烈烈才是真正的幸福，好像人的一生也就是为了那一刻的辉煌而活着的，于是我们总是不能平静，我们对于平淡的事物与日子心烦意乱，无论用各种方法，我们还是不能劝说自己归于平静。于是，心头的烦恼也就始终伴随在我们身边。

其实，如果你仔细观察就会发现，任何人的生活也不可能永远是轰轰烈烈的，那样的时刻总是特别短暂。成功人士有很多，我们在电视上也会看到很多关于他们的报道，好像他们永远是事业上的明星，人群中的精英。然而，其实这些光彩与一个人的一天相比的话，也是非常短暂的。接受采访，上电视的时间也只有那么一小会儿，很快又过去了，之后的日子也和你我一样，都会归于平静。还有人，他们的遭遇好像比我们更加新奇，他们的起落也比我们更大，他们的一生好像特别富有传奇色彩。其实如果我们仔细来算一下的话，就会发现那些传奇性的事情在他的生命中占有的时间也很短。再起伏的人生都会归于平淡，于是，我们明白了这一真理，只有平平淡淡才是最真实的。任何人也不例外，不同的只是人们对于平淡日子的看法不同而已。

很多人只是不愿意忍受平淡，他们总是在盼望在平静的日子中会出现一些波澜壮阔、激荡人心的事情，似乎这样才能证明他们真正地存在过。他们也只是为了这个时刻而活的，而其他的时间只不过是为了这一时刻而等待而已。可是"平淡"却总是迟迟不肯离去，于是他们就会在这样的日子里感到空虚与无聊。然而，一些真正经历风雨的人却不这样想，他们已经把那些风光看得非常透彻了，那些东西只是别人对于我们一时的看法而已，根本不能让我们的生命真正地充实起来，很快又会成为过眼云烟。于是他们也领悟到了平淡的真谛，然而将平淡视作难得的幸福生活。

刚开始的时候，你可能会觉得他们非常搞笑，甚至非常奇怪，你有的时候甚至会怀疑他们会不会故作清高，根本是身在福中不知福。可是等到你自己走过人生的一程又一程时，你也会有和他们一样的感受的。你也终将体会到：其实真正的生活，也就是在平平淡淡中度过的。真正的幸福，也只是在平平淡淡中才能感受到的。轰轰烈烈不过是一种感官上的刺激而已，还是平平淡淡最可贵。

对于平淡，我们也要有正确的理解。平淡并不是平庸，平淡也不意味着对于生命已经没有追求了。平淡有一种厚重在里面，这个词语包含了醇美与深情，只有最敏感最有智慧的人才能够感受得到。

一个人的气质其实也是他身上的平淡的一面的反应，这个人虽然非常有才能，不过却从来不会妄自尊大，也不去不懂装懂，对他人的态度永远是和蔼可亲的，人们总是喜欢和他一直交往，因为他能够予人一种幽远的感受。就像一个本来非常能饮淡酒的人，不在别人面前显示自己的酒量，反而喝得不慌不忙，不紧不慢，直到最后才显出他真正的酒量。其实这个过程中何止是酒量的显现，更主要的是一种雅兴和风度。这并不是不干脆，而是有一种情调在里面，你难道不觉得浅酌半杯不是比大口畅饮更有深意吗？

并且，他并不会说什么豪言壮语，也不会故意要一种语不惊人死不休的感觉，他的话语似乎非常平常，然而却有非常深厚的含意在里面。你绝对不会觉得这些平淡的话浅薄，反而更显出他大智若愚的睿智，他的深不可测的内涵。这些看似平淡的言语其实也包含了永远值得你思考的高深哲理，如果你能够静下心来感觉到它们，你就会发现它们的真正意义，并且从中大有收获，甚至你会情不自禁地发出一个会心的微笑。

其实一个真正能过平淡日子的人，才是真正不平凡的人。因为他已经超越了只懂得享受成功与辉煌的平常境界，学会从最平淡的日子里找到最不平淡的乐趣了，这是一种大智慧，也是一种真正的洒脱。当然也能够显得他的不平凡，因为在这个时候，没有任何事物能够影响到他的心情了，他完全不为外物所困顿了，有的只是一种超然的洒脱与常人难以想象的豁达。

我们来看下面这个小故事。有这样一对夫妻，他们的生活非常一般，两人都是一家工厂里面的临时工，工资不高，并且这个工厂的效益也不太好，两个人每天起早贪黑地工作，非常辛苦地挣着生活费。因为他们的负担非常重，他们在要供两个小孩上学，他们还要供养双方的四个老人。在旁人看来，他们的日子根本平庸至极，也没有任何人能够注意到他们，甚至很多人觉得比起他们来就会有一种优越感。更何况他们现在一家人还挤在一个很狭小的房间里面，家具和各种生活用品都是别人用过的二手物品，没有一件是新的。许多人觉得他们肯定非常痛苦，因为根本无法想象也无法忍受这样的生活。

然而，出乎所有人意料的是，他们小两口却从来没有感到不幸福，甚至两个根本没有红过脸，吵过架。这让人们感到非常奇怪，因为他们所看到的只是非常幸福温馨的场景：

每天早上，女主人都起得非常早，她会在一个人在厨房里面忙碌。因为她知道丈夫昨天睡得非常晚，她要为孩子做饭，好让她们去上学。不过在这个过程，人们没有发现她有任何不快，她不管是洗衣服还是在洗菜的时候，总是会一个人哼着歌曲，心情永远是那样地悠闲。尽管是她一个人在做家务，她却从来不抱怨丈夫，因为她知道自己的丈夫有更重要的事情要做，她的孩子也在做作业。

等到晚上下班时候，女主人也是第一个来到家里的，并且马上又开始准备好晚饭了。尽管一天的工作已经让她感到非常累了，不过做饭并不会让她感到枯燥，因为她觉得自己能够为家人服务是一种自我价值的实现。而等到她做完饭之后，有时候丈夫因为工作忙并不会回来，于是她又开始静静地等待，虽然漫长，不过她对于这个过程也并不厌烦。过了一段时间，丈夫终于回来了，一家人开始其乐融融地在一起吃饭。等到吃过之后，孩子去做作业了，自己又和丈夫一起倦在电视机前，聚精会神地看看电视。电视上的节目可能也非常老套，然而人们总是可以听到她的家里有非常多的笑声。无论到什么时候，她总是有一种很满足、很惬意的感觉。

当然，偶尔也有他们夫妻两个都不忙的时候，这个时候你会看到他们两个人一起出去散步，虽然穿得非常朴素，然而他们之间的感情却超过了所有人。

是啊，我们都曾经感叹过生活的无奈和乏味，其实这并不是生活的错，而是我们自己的心情在作怪。因为生活本身是没有主动性的，它也只是呈现出自己最真实的本来面貌，可是人们却不愿意接受它，把它的美好置之不理。于是，人们自身也感到了无聊与寂寞，最终还是伤害到了自己。生活本身是很平淡的，它也没有任何美丽的色彩，真正的意义不是生活带给我们色彩，而是我们自己每天要在平淡的生活中画出一些不平常的美丽颜色，最终成就一道美不胜收的彩虹。

其实，生活本身已经给予了人们一个发挥想象力和创造力的过程，它提供了足够的空间和素材，让人们自己去创作。平淡并不代表枯燥、乏味，而是一种博大与包容，一种蕴含了无限可能性的存在。平淡的生活呈现在我们面前的就像一张白纸，虽然没有任何图案，看来平常，但也正是因为任何图案都没有，反而给我们提供了一个无限可能的空间。

我们完全可以按照自己的心情与理解随便在这张纸上涂颜色，没有任何条条框框来阻止我们。然而我们也千万不能因此而信手涂鸦，完全没有章法，这样其实是糟蹋了生活对于我们的厚待。我们需要认同它的平淡，在平常中发现不平常的美丽与意义，然后要用心编织这幅画，让它越来越绚丽。在这个过程中，你会发现自己更加聪明了，你得到别人无法得到的满足感，你也已经比大多数人更加充实而智慧了。

总之，你要明白，平平淡淡才是真，平淡才是生活的原汁原味，也才是生命的真实意义。你要能够以平淡的心来体验生命的真正乐趣与美感，让你自己变得更加超然与豁达，这样你将会发现没有什么能够阻拦你的进步，没有什么能够影响你的好心情。

当然，平淡的只是心境，而不是行动，你不能因为平淡就放弃了理想，就不再追求与奋斗了，那样是对于平淡的误解。生活，还是需要努力才能精彩的，没有追求，生活也就没有了意义。在这里说的意思是你不要因为追求而陷入一种极端，因为追求而错过了那些最美丽的风景。

生命，只是一个过程，平淡，是这个过程中最常见的一种状态，这一点你是无法改变的。所以无论在将生活的每一个时期、甚至只是生活中最小的一个片段，你也不要轻易放过它，遗弃它，让它们变成快乐吧！要不然，你只会感到无穷无尽的烦恼与困苦。何必要活得那么累呢？享受平淡吧，你将变得更加充实，你距离成功也会越来越近的。

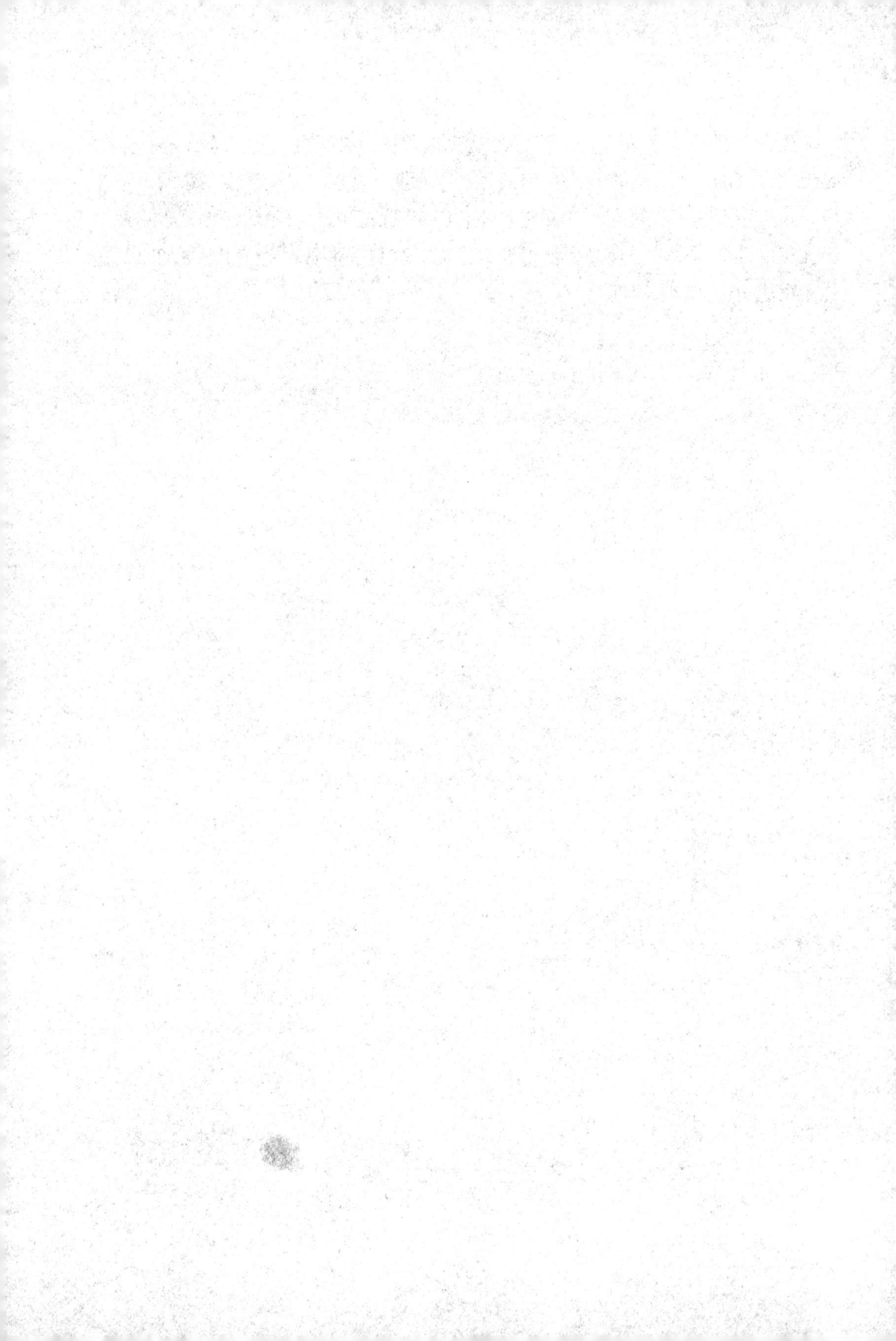

第四章
心急干不成大事情

任何事物的成功都有一定的过程，这个过程需要你耐心地走过，谁也别指望一口吃成个胖子。很多人无法忍受在目标实现之前的漫长过程，总是期待自己的目标能马上实现。可是这并不现实，因为很多成就是经过长时间的努力、磨练才取得的。

1. 人行千里，路要一步一步地走

"合抱之木，生于毫末；九层之台，起于垒土；千里之行，始于足下。"这是老子的名言。这是教导人们要注意积累的过程，任何事情，要想取得突出的成绩，都要经过一个艰巨而漫长的过程。在这个过程中，人们一定要能够耐得住寂寞与无聊，同时无论遇到多少困难也不放弃，一直坚持下去，不要见异思迁，也不要因为一时的失败垂头丧气。在你想要成名之前，一定要学会承受不成名的寂寞，只有这样，你才能最终脱颖而出，成为一时的俊杰。

老子还有言："天下难事，必做于易；天下大事，必作于细。"的确，这个世界上有许多非常困难的事，人们刚开始立下一个目标的时候可能会感觉这个目标实现起来非常困难，刚开始接触一个事物的时候，可能会觉得这个事物根本无法捉摸，完全不知道从哪下手。然而，只要我们用心去发现，去思考，我们一定也能理解一个事物的本质，也能够掌握一个非常困难的技能。人世间再难的事也是从身边的易事中寻求突破的；再大的事也是从简单的小事中点滴累积的。任何复杂的事物都是一些原本非常简单的事物通过不同的规则而组成的，你要做的是先认识这些最基本的组成因素，然后从这些因素中找到他们的不同，再总结出它们各种相结合的规则，这样就可以掌握举一反三的道理，再遇到类似的事物就能够触类旁通了。这样，日复一日地坚持下去，你就能获得对于这个事物的全部理解，而这个时候你已经掌握了全部技巧，没有什么能够困扰你了。

其实，这也要求我们养成一个敏锐的观察力。任何复杂的事物通常都有些非常隐秘的东西藏在不为人知的地方，就像冰山一样。通常冰山留给世人的只是一些精美绝伦的印象，而绝大多数人也只看到它露出海面的那一部分，对于海底下的那更多的部分却视而不见了。其实它下面的部分才是真正重要的，正是它们支撑起了整个冰山，使得原本平凡的冰形成了山，拥有不寻常的美丽。所以，它更多留给世人的启示是它的厚积薄发，可是人们往往只注意到了它突出在海面上的那部分，却忽视了它之前漫长而寂寞地等待和积累的过程。而其实这个过程才是最重要的，也是人们更应该欣赏和学习的。大多数人在看到冰山令人目迷心醉的那部分之后，不再对冰山进行更多的欣赏和更深刻的思考了。于是他们眼中也永远只是露出水面的一小部分，虽然得到了视觉上的一种满足，却没有收获到任何深刻的哲理。因为冰山的八分之七仍然深藏于水底，那真是更加重要的地方，可惜人们已经没有兴趣来思考它们了。

人的成功也正如冰山一样，我们通常只看到一个人成功的辉煌，也就是他露出海面的一小部分，却忽略了背后必定是他默默的付出，这个时间远比成功的那一时刻更加漫长。而他之所以成功也在于已经掌握了成功的秘诀，也就是他十分注重细节，十分注重积累。因为他明白，冰冻三尺，非一日之寒可以达成；水滴石穿，也绝非一日之功可以做到。

伟大在于坚持，最美丽的风景只有最长远的积累才能获得。个人要想事业有成，那么他就必须能够沉下心来做事，这个过程中不能放弃，不能见异思迁，不能因为一点小小的挫折而垂头丧气，当然也不能因为已经取得一点成绩就沾沾自喜，得意忘形，那样只会让自己距离成功越来越远了。真正应该做的是学会积少成多，积小成大，能够聚沙成塔，最后在一个长时间的累积中爆发，从而收到一种不鸣则已，一鸣惊人的效果。而能够做到这样的人往往是很少的，我们可以看到，绝大部分人只是在犹豫不决中自甘沦落，虽然也是一直踌躇满志，然而却最终虎头蛇尾，停滞不前。

在中国商界，王永庆一直是一个家喻户晓、甚至接近神话式的人物，他所创办的台湾塑胶全世界都闻名。他很早就成了富翁的一个代名词，许多人只是羡慕他的风光的一面，然而人们却很少知道和关注他的创业史也是充满艰难的。

很多人可能想象不到的是，王永庆儿时因家里贫困，甚至为了生活不得不放弃学业。在很小的时候他就不得不开始做小买卖，很多和他一样年龄的人已经在学校无忧无虑地读书了，对于这一切，王永庆虽然羡慕，却不得不接受。于是，当时只有16岁的他为了生计，一个人背井离乡，来到一个非常陌生的地方开了一家小小的米店。不过，这并没有给他的事业带来任何转机。因为他的店铺也和其他米店相比，根本没有任何优势，甚至比起别的店铺来还远远不如，因为它的地理位置非常偏，很少有人光顾。同时店面规模也非常小，根本没有丰富的种类，更要命的是开办时间非常晚，人们已经习惯在别的店铺消费了。更何况他还是一个陌生人，对于外地人，人们也通常会有一个不相信的感觉。所以刚开始他的生意非常冷清，一天没有一个人来，简直门可罗雀。

在这种非常不利的情况下，王永庆还是没有绝望，他还在思考如何做到人无我有，人有我优，他的雄心一点也没有减少。事实上，王永庆一直在试图寻找着生意上的突破口。经过长时间的反复实验和无数个日日夜夜的深思熟虑，终于有一天找到了答案。

原来他创业的时候，台湾稻谷收割与加工的技术还是十分落后的，打出来的米根本不干净，顾客在买了米之后不得不为了卫生干净而一次次地淘米，这个过程非常麻烦，也非常浪费水。这个问题大家也根本没有留意，觉得这本是同行司空见惯的事情。然而商机异常敏锐的王永庆却不以为然，他认为这正是自己转败为胜的机会所在，也是提高自己产品核心竞争力，赢得顾客信赖的一个时机。

于是他赶紧行动，不惜劳苦将出售前的米都要耐心地过滤一下，淘洗好多遍，一直到把所有杂物全部取出为止。这个过程虽然非常辛苦，也非常漫长，然而却给他带来巨大的收益，因为这样他的米在质量方面就比别人更胜一筹，并且顾客不用自己再回去洗了。当然他的米的价格会稍稍贵一点，不过这个价格也是顾客能够接受的，他的生意就因此而日渐红火，没过多久就已经远近知名了。

然而他并不会因此而满足，他再接再厉，随后又开始在服务上狠狠地下起了功夫。由于当时很多买米的客户都是一些上了年纪的人，这些老人的儿子和女儿们天天在上班，比较繁忙，根本没有时间来买米，这些老人运米不太方便，很多人根本没注意到这一点，觉得米卖出去了没有必要再管了。王永庆却主动送货上门，并且根本不要一分钱。这个过程虽然辛苦，不过收益也是非常大的，因为这一措施方便了顾客，受到了他们的广泛好评，于是他的好名声很快流传起来，他的生意也越来越红火了。

王永庆的服务精神还不止于此，他除了送货上门，还亲自将米帮别人倒入米缸。整个过程非常繁琐，然而他却坚持不厌其烦地这样做。当遇到有一些跟他相识的老顾客确实手头紧张的时候，他又灵活应对，对他们采取先送米、后付钱的方法，让他的顾客感到了更多的方便与满足，觉得他不仅是一个生意人，更是一个朋友。于是，他的这种做法很快地受到了顾客的普遍好评，每个人都愿意买他的米，他的朋友也越来越多。

于是他又开始扩大规模，分店一家接着一家地开。此后无论他的企业如何知名，他的客户如何多，他始终没有放弃周到的服务，还是一如既往地注重服务管理的每一个细节，在细节上狠下功夫。不过他的这种做法也引起了一些所谓专家学者们的批评，说他是"只见树木，不见森林"，没有战略眼光，没有长远规划。王永庆却对此不以为然，因为他的成功经历已经告诉了他一切，只有在细微之处找到自己的核心优势，顾客才能深刻地记住你，你才能战胜竞争对手，最终厚积而薄发，立于不败之地。

2. 可以接受失败，但不可以接受放弃

我们在奋斗的过程中往往十分害怕失败，总是幻想自己一次就能成功，而不愿意去忍受失败的过程。有很多时候，在面对一些失败之后，就开始怀疑自己了，觉得自己没有成功的可能了，于是也就失去继续奋斗的勇气。这其实是非常愚蠢的做法，因为成功往往是在失败之后才会光临的。我们的每一次失败都会增加下一次成功的机会，因为这次我们失败了，下次我们就不会犯同样的错误。这样等于已经排除了一种失败的可能性了，从这个意义上也可以说，我们其实距离成功更近了。如果下一次不幸又失败，那么等于又距离成功近了一步。这样，终究有一天，我们发现就在失败之后，成功已经不期而至了。

对于这种现象，有一位哲人是这样描述的，他说，我们永远不要抱怨失败，也不要奢求一次就能成功，而要能够以一个乐观的心态来看待失败。因为这一次的拒绝往往预示着就是下一次的赞同，这一次皱起的眉头也通常就是下一次舒展的笑容。而我们在今天遇到的各种不幸，往往预示着明天会时来运转，从此一帆风顺。伟大在于坚持，成功只是无数种可能的一种，这种可能远远要比失败小得多。那么成功的最重要一点就是能够坚持，特别是在失败之后的坚持。因为只要你在坚持着，你就还有机会。而如果你已经放弃了，当下你也轻松了，不过也就意味着你也已经没有成功的可能性了。

一个人最伟大的品质就是能够坚持，无论遇到多少挫折还是能够坚持下去，只要锲而不舍，只要不放弃，就永远有成功的可能。特别是当你已经精疲力竭时，觉得自己没有成功的可能的时候，已经失去了最后的信心与耐心的时候，已

经对于整个事情完全绝望的时候，试着不妨再告诉自己：不要放弃，我可以再试一次，没有什么能够打倒我。无论遇到多少失败，我也要一试再试，我相信，只要我不放弃，那么我一定能够争取到明天的成功。任何成功都是来之不易的，而坚持其实也就是在把希望的种子撒播在田地里之后的修整。只要这种子在，只要自己没有放弃，那么在继续拼搏之后，无论有多少风吹雨打，终有一天种子会开花结果，最终硕果累累。

篮球之神乔丹曾经说过："我可以接受失败，但我不可以接受放弃。"这是他所有名言中最有名的一句，也是他能够最终成功的关键。诚然，有的人把他的成功归功于他非凡的天赋，不错，他的篮球天赋也许真的是独一无二的，不过这并不是最主要的原因，最主要的原因还是因为他的斗志。无论到什么时候，他永远不会放弃，他也永远相信自己有改变战局的能力。于是，在一次又一次的失败中，他也不断地超越了自我，最终成功了，成了最受人崇拜的篮球之神。

还有一位成功的企业家总结他的成功经验时是这样说的："我并不认为自己的成功是依靠天赋或者运气什么东西，而是在于我比别人更能坚持，其实我觉得很多人比我更聪明，不过他们没有坚持到底，所以最终不能像我一样成功。成功的秘诀在我看来也不过是面对失败不放弃努力，不放弃自我，用'再试一次'的勇气，去重新寻找目标，锲而不舍地攻破一切难关，永不言败。这样才能最终成功。成功固然是多种因素造成，但是，不放弃的精神无疑是其中最重要的一个因素，因为这是其他一切条件发生的前提，试想一下，如果你已经放弃，那么还有机遇存在么？还可能有运气发挥作用么？还会有别的人忽然对你十分欣赏么？"

所以，不放弃的精神就是一个成功者的成功之道。后来，这位企业家又向我们讲述了他的成功经历，他说，他并不比别人运气好，也没有一开始就遇到一个赏识他的好老板。他也是从最基层开始做起的，刚开始的时候他也是一个普通的业务员，销售业绩也不理想，对于社会关系也不会处理。然而所幸的是他从来没有放弃，也没有换工作的想法，而是每天比别人更加努力。别的人工作八个小时，他就工作十二个小时，并且，一有机会，他还学习新的知识与技巧。所以，虽然他的起点很低，然而他的进步速度却是惊人地快，很快他的业绩更加出色了。于是就开始做部门经理，后来再做分公司经理，直到现在的总经理。可以说，在不到八年的时间里，他实现了一次又一次的飞跃，取得了别人难以取得的成功。

很多人非常羡慕他，认为他的运气特别好，能够遇到一个赏识他的老板和一个合理的发展空间。可是谁又知道他之前的经历呢？他说，成功之前的他，其实也是非常平凡的，甚至曾经经历过无数次的失败。有的时候这些失败甚至是常人难以承受的，他最困难的时候曾经一天只能吃一顿饭，他也想过要放弃，或者要改行，不过他最终还是战胜了自己的脆弱的一面。他对自己说，只要有一线希望，他就会不断地"再试一次"。没有人鼓励他，他就开始自己鼓励自己，自己给自己打气。他对自己说，我一定要坚持下去，不断地努力、不断地探索、不断地总结经验、只有这样才能不断地前进。只要我不放弃，一定能够比别人更成功。我现在可能比别人更失败，然而这也是一种财富，正因为我失败过，所以我不会再害怕失败，也知道怎样才能避免失败。那么，只要我能够坚持，我一定会比别人更加成功。

3. 做事情拿出斧头砍大树的精神

每个人追求成功的过程好比用斧头砍击参天大树：头几斧可能了无痕迹，大树根本没有任何反应，更不会有要倒的迹象，因为每一击看似都是那么微不足道。然而事实上，大树也确实是在这样的打击下倒下的。我们要做的也非常简单，只要"试一次，再试一次"……这样积累起来，总有一天，我们会发现，这个大树开始松动了，有了要倒下的迹象。这时我们继续坚持下去，巨树终会倒下。

有一部美国电影叫作《阿甘正传》曾经风靡一时，这也是一个关于成功与奋斗的故事。他的故事虽然简单，意义却非常深刻。影片中的男主人公阿甘是一个智障儿童，他对于很多东西都反应迟钝，也因为这个原因，他从小就比别的孩子弱，读书不及格，体育也不能达标，做什么事几乎从来没有成功过。但小阿甘并没有因为这个而自暴自弃，就算别人根本不相信他，他还是相信自己能够成功，特别是他也一直相信妈妈的话。他的妈妈一直鼓励他，于是他也更加相信自己，并为了自己的目标坚定不移地走了下去。尽管在这个过程中遭到了很多失败，然而他始终把这些失败看作是成功的一个前兆，看作是一种进步。他周围的人也渐渐地改变了对他的看法，后来他居然真的成功了，从一个生活不能自理的智障的儿童一下子变成了一名国家级的运动员，为美国赢得了荣誉。后来他又参加了越南战争，虽然战争非常残酷，然而他却奇迹般地从战场上活着回来了。特别是他的长跑，已经成为一种锲而不舍的韧性的标志。电影导演也特意把他的长跑镜头一次再一次有神地传递出去，从而更加深化了它的感染力量。于是更多的人也因为这一影片而感动，甚至很多原本已经对生活丧失信心的人变得更加坚强了。

是的，我们每个人在内心深处都是十分渴望得到成功的。失败虽然是不可避免的事情，不过成功还是我们的最终追求。因为我们不是为了失败才来到这个世界的，也因为只有成功了，我们才能够最终真正地证明自己。在某种意义上来说，特别是在这个以成败论英雄的社会里，唯有成功才是生命的全部意义，只有成功才能证明你确实比别人强，只有成功才能显出人的独特价值。

但是我们也要知道，成功的奖赏远在我们生命旅途的终点，而非起点。成功永远不会在你刚刚开始时就出现，你永远不知道要走多少步才能达到目标，甚至也许在你已经迈出千万步后，仍然会遭遇失败。不过也不要因此而伤心，成功可能就藏在转角处，马上就要来临了，因为最黑暗的时刻过去的时候也就是黎明到来的时候了。尽管你永远不知道离成功还有多远。那么，也没有必要为此而烦恼，你也没有别的办法，只能再前进一步，如果没有成功，那就再向前进一步。这样，终有一日，你会发现成功已经在你的眼前了。

让我们再来重温一下"财富圣经"《羊皮卷》中的经典话语吧：每一次的失败都会增加下一次成功的机会，这一次的拒绝就是下一次的赞同，这一次皱起的眉头就是下一次舒展的笑容。今天的不幸，往往预示着明天的好运。只要锲而不舍，就没有实现不了的成功。

其实生命对于每一个人也都是公平的，那些成功的人遇到的失败绝对不比你少，甚至反而会比你更多。因为他们对于一个目标没有放弃，奋斗的时间更长，那么同时也意味着他们可能遭到的失败比你更多。也和你一样，那些成功者都是从脚下起航的，在前进的过程中，他们也都同样遇到了这样那样的失败，每一步也许非常微小，并且这很微小的成功也是非常困难的。然而他们并不会抱怨什么，也不会因为成功的路太难走就轻易放弃了。而是坚持一直前进着，他们的脚步永不停滞，前进前进，哪怕是最小的一步，他们也会为之付出百倍的努力。就这样一天过去了，一星期过去了，一个月过去了，一年过去了，然后是三年甚至是十年……虽然充满艰辛，然而总有一天，他触摸到成功了。他超过了所有的人，于是又有很多人开始羡慕他的成功，可是没有人知道他为了这一天的成功付出了多少努力。

无论做什么事，千万不要希望一次性成功，因为这样的概率是非常渺小的。因为失败的概率要远远在大于成功，成功一般情况下只是无数次失败之后的奖赏。那么，我们应该学会习惯失败，当然这并不是说对于失败已经麻木，没有任何进取心了。而是要对失败有一种平常心态，失败就像每天要刷牙一样，是很平常的事情，没有什么大不了的。我们也没有必要因为一次的失败而后悔，如果因为失败而放弃就更加不值得了。

我们需要一种坚韧的尝试精神，成功就是在无数次尝试之后才会到来的，如果这次不行就再试一次、如果还是不行那就继续尝试……这样在经过无数次的失败与尝试后，你拥抱成功的日子也会越来越近了。人生在世，我们缺少的不是多种选择的可能，也不是没有合适的机会，我们缺少的就是对于事业的坚持精神。所以，我们要做的也没有很多，只要找到一个适合自己的目标，然后锲而不舍地奋斗下去，相信一定会成功的。

请一定要相信这句话，在这个世界上，最后获得成功的人绝对不是那个是最聪明的人，也不是运气最好的人，也不是那个家世最好的人，而是那个始终锲而不舍、对于一个明确的目标能够做到永不放弃的人！

4. 成功是找到一扇正确的门

有的人说，成功很难，也有的人说，成功其实很容易。这两种说法都有一定道理，因为成功是需要方法的，如果你已经掌握了这个方法，就会很容易。如果你还是没有掌握这个方法，当然会觉得非常困难，甚至根本毫无头绪。

所以，如果一个人要想成功的话，坚持不懈固然是非常重要的，方法也是非常重要的，而这里面最重要的一个方法就是要能够知道自己的优势在哪里。因为适合别的人的事情可能并不适合你，你看到别的人在做一件事的时候成功，等到你也去像他那样做的时候，可能发现完全行不通。适合别人的东西可能并不适合你，人与人本身就是不同的，天赋当然也不同。所以，在此之前，认识自己是非常重要的。

事实上，任何一个成功人士必然也是能够发现自己优势并能够在事业上合理运用的一个人。一个人要想迈入成功之路，首先要发掘自己身上的独特优势。当然，发现优点的过程同时也是一个发现缺点的过程，我们在选择职业时当然要极力找到那些最能发挥我们优点的职业，也要避免那些我们最不擅长的职业。如果不幸选择了一个自己不擅长的工作，或者是只会暴露自己缺点的工作，无异于鸡蛋碰石头，结果必将一败涂地。所以，我们如果要想成功的话，就要明白这个道理。坚持当然重要，但是如果没有正确的选择，长久地坚持必然也是南辕北辙，根本没有任何意义。我们一定要找到自己的优点在哪里，然后根据这个优点找到一个最适合的职业，因为唯有优势才是你成功的基石。没有优势，也就意味着你在这个行业里和别人一样平常无奇，不可能脱颖而出。

我们可以把话说得更加明白一点，成功就是找到一扇真正适合自己的门。在开始进行选择时，我们往往会面对好多门，这个时候由于可选择的太多，反而无所适从，不知道应该选择哪个了。其实在此之前，并不用那么着急选择，我们要做的更加重要的事情是学会正确地认识自己。知道自己的长处在哪里，短处在哪里，然后应该根据自身的特点选择一扇最适合自己发展的门。在进去之后就不要再回头了，所谓三思方举步，百折不回头，选择之后贵在坚持，只要能够坚持下去，成功并不是那么遥不可及。而在此之前，如果我们不能冷静地分析自己，不能找到真正适合自己的一道门，找错了的话就会很难回头，就算再出来也已经花费了好多年华。

关于选择与成功的关系，有一个著名的漫画家就这一主题作画，内容如下：

首先，我们可以在画的中间看到"成功"两个大字，就像人们对于成功的渴望一样，这两字显得非常夸张，它故意被写得非常大，在这两个字的前面有两扇门。不过这两个门却是截然不同的，一扇门看起来非常高不过也非常窄，只能容得下一个人通过。另外一扇门则十分矮小不过却十分宽阔，可以容纳两个人同时进去。然而这个时候却发生了非常奇怪的事情，在那两个门前分别站着两个人，完全找不到自己的方向，感叹自己无法入门。其中一个人是高瘦型的，另一个人则是矮胖型的。人们看了之后可能会觉得非常搞笑，因为他们实际上是站错位置，或者说没有选择正确的门。那个高瘦的人站在了那个矮阔的门前面，而那个矮胖的人却站在了那个高窄的门前面。

我们的第一反应可能会觉得滑稽可笑，不过仔细地想一下的话，会发现，这样一幅简单的漫画，其实却蕴藏着无限的深意。很多时候，我们也就像是画中的两个人一样，没能成功不是因为我们没有坚持不懈的奋斗精神，而是因为没有找到真正适合自己的门。成功之门尽管尺寸不同，然而无论是哪一个门，只要我们在进去之后能够坚持行走，通往成功的目的地是一样的。

每个人一定要谨慎选择，因为成功之门有很多很多，如果不加注意很有可能会选择错误，这将是生命与时间的巨大损失。所以，我们一定要能够正确认识自己，不要见异思迁，也不要看到别人成功就幻想自己也可以像他们一样成功。我们要做的是应该根据自身的特点选择适合自己的门，别人的评论和眼光不应该是我们考虑的主要问题，我们要做的只是找对一个门即可轻松而入。然后坚持走下去就行了，而我们对于这个门的选择不得不特别小心。一旦走错的话，会浪费大好青春。

对于每个人来说，成功的机会是平等的，没有什么高矮胖瘦与高低贵贱之分，但是不同的选择却造就了我们不同的人生，因为每个人自身的特点都不一样。如果本身是一个高瘦之人，那么当然要选择高而窄的门才能进入，而如果本身是一个矮胖之人，自然应该选择那个矮阔的门进入。不过事实却往往相反，我们在成功之门面前迷失了，头脑不清楚了，选择了一个不适合自己的门。最终的结果是尽管也付出了很多，却没有收获和别人一样的成功。然后我们开始抱怨上天的不公，开始怀疑付出是不是真的有收获，并且也开始不再努力了。而其实自己不知道，这种结果正是在入门时造成的，如果真的要抱怨的话，应该抱怨自己当初为什么不好好想一想，没有找到一扇真正适合自己的门。

5. 找到适合自己的路最重要

　　我们没有必要去羡慕别人的成功或者好运气，或是一些非常了不起的天赋。造物主对每个人都是公平的，这个世间存在的每个个体都有自己的优势。就像我们所知道的，老鹰飞得很高，兔子跑得很快，蛇会让人害怕，鱼会游泳，狮子的力量最大，狼则最合群一样，每种动物都有独特优势的。也正是因为如此，我们每个人才有真正属于自己的舞台，可以在这个舞台上尽情发挥自己的才能，也可以依靠这个舞台收获一些别人无法获得的成功。然而，在此之前，我们一定要耐得住寂寞，去找到那个舞台。

　　任何人的成功都不是一帆风顺的，许多在我们眼中非常成功的人士，往往一开始也并没有找到真正适合的职业，他们也是在遇到许多困难之后才发现自己真正适合干什么。大家所熟知的法国文学巨匠巴尔扎克的例子就非常有代表性。

　　巴尔扎克年轻时，也像我们一样，渴望迅速改变贫穷的生活面貌，整天梦想做一个经营有方的商人，能够成为众人眼里的成功人士。然而，他的经商之路却一败涂地，甚至根本没有翻身的机会了，因为他一开始经营出版业就遭到了惨败。后来他仍然不死心，开始投入经营印刷厂，可是在不久之后竟然又彻底破产，这使得他一度非常失落，开始怀疑自己的经商能力。

　　后来经过认真思考，他发现自己的优势还是写作，商人的富裕生活虽然也是他向往的，不过却不适合自己的性情，于是他又捡起那个被自己冷落已久的笔，开始了写作的生涯。从此之后，他发疯地爱上了写作，甚至每天连续写作18个小时以上。终于，功夫不负有心人，在经过近20年的不懈努力之后，他写成了19世纪最杰出的现实主义巨著，这就是家喻户晓的《人间喜剧》，他的名字也因为这些著作永远地被后人所怀念。

　　另外一个大文豪莎士比亚的成功过程也是一样的。刚开始的时候，这个后来被人们称作莎翁的人只是一个类似于跑龙套的三流演员，不过他并没有因为自己对于梦想的坚持而成为一个表演艺术家，后来他发现自己缺少表演天赋，演戏根本不可能成功，或者可以说，难成大器。在这个时候，他并没有灰心，也没有固执地坚持下去，而是开始创作戏剧。他不断地搜集素材，磨炼自己的写作技巧，最终成了戏剧大师，完成了许多伟大的作品，如《罗密欧与朱丽叶》等不朽的剧作。一直到现在，他还被称为难以超越的文学大师。

这些精英之所以能够出类拔萃，不在于他们的天赋非常突出，也不在于他们一开始就找到了自己的优势，或者找到了一个真正适合自己的职业，而是因为他们能理智地发掘自身的优势，在发现自己并不适合一个行业之后立即转行，在另外一个适合自己的行业里努力奋斗。从而使得自己的才能获得了最大限度的发挥，最终在这个行业成为一个精英人士。

而这也告诉我们一个简单的道理，当没有明显优势，或者还没有发现自身优势的我们，站在成功之门前时，更要想明白自己的优势在哪里，哪个门才是最适合自己的。如果真的选择错了也没有关系，我们可以在这个过程中重新认识自己，等到发现自己的真正长处了再重新择业，以后照样能够成功。

如果想找对自己的优势，自信也是非常重要的。很多时候，并不是我们真的没有什么优势，而是因为我们不太相信自己，觉得自己的优势太小了，根本不能成功，当然也根本不能与那些精英人士相提并论。于是开始怀疑自己，如果做出了选择，是否会像别人一样成功。而这一怀疑也导致判断失误，最终选择了一个自己并不十分擅长，而看上去比较容易成功的道路，实际上任何容易成功的事肯定会有很多人来做，在那里取得成功也就要面对更激烈的竞争。

我们需要有一种自信，因为唯有一个相信自己的人，才能真正地认清楚属于自己独到的优点，从而做出一个最明智的选择，然后坚持下去，从而也会距离成功越来越近。发现并肯定自己的优势，其实是成功最可靠的保证，也是成功的第一步。如果一个人不能确定自己真正地强在哪里，怎能在这一领域成功呢？人只有确信自己能很好地看准自己的优势，然后通过不懈的努力能够将这个优势发挥到极致，才能最终收获成功的喜悦。

只有充满自信的人，才有一个永远超越自我的激情和不断努力的动力。在这个领域，他的成就能伴随他不断前进，这会给他带来一种自豪感，而人是需要这种感觉的，这会让他真正感悟到生活中哪些东西是真正属于自己的，是自己的优势所在。而哪些又是与自己格格不入的，自己在那方面投入是没有收获或者收获很小的。于是他就能够最大限度地挖掘自身的潜能，从而最终在一个领域取得成功。

在这个过程中，自信是起了很大作用的。在一个真正的自信之人的心里，根本就没有解决不了的事，自己的优势也一定会超越别人，暂时的困难并不能阻止自己前进的脚步。于是自信与优势发生了一种良性互动，可以说一个人因为有了优势而自信，而这种自信又反过来促进了这种优势发展，最终让一个人在一个领域成为精英人士。

在当今这个激烈竞争的社会中，需要清醒地认识到：没有有优势是不可能成功的，一个人的精力也是有限的，需要放在那些最能创造出价值的事情上来。而这当然会因为人们的优势的不同而有所区别，所以我们一定要找到那个专属于自己的优势，在找到之后赶紧努力吧。有了优势而不努力的话最终也会因为彷徨与踌躇而被埋没。不要再犹豫不决了，拿出你的自信去发挥自己的长处吧。没有多久，你就会发现，成功的光环已经在你头顶绽放出亮丽的光彩，你也可以像那些成功人士一样，成为一个领域的精英！

6. 输得起才能赢得干脆

在生活中，我们总是希望自己能够成功，特别是在与别人的竞争中，我们的好胜心更会被无限地放大，以致很多时候，明明在已经没有成功的可能，还是不肯认输，总觉得这会让自己很没有面子，这其实是非常有害的。别人也会因此而认为我们没有风度，是一个非常小气的人，而适时地认输不仅仅是一种风度，也是一种人生的大智慧。

很多时候，并不是我们不够努力，而是因为客观现实的阻碍无法改变，这个时候再坚持下去也不会有什么结果。可是我们还是因为面子而故意不放弃，强作一种坚忍不拔的态度，或者因为不服气对手而故意不认输。其实这是非常差的表现，我们并不能改变事情的结局，并且回避失败也不能够从中有所收获。

有的时候，当困难和挫折确实已经摆在眼前，整个事情的最终结局已经注定，我们确实无力回天的时候，还是洒脱一点吧，豁达一点吧。就像那首歌里所唱的那样，心若在，梦就在，天地之间还有真爱，看成败，人生豪迈，只不过是从头再来。

事实有的时候真的非常残酷，并不是所有的努力都会有一个好的结果，也并不是所有的机遇都能够让我们把握。这个时候的低头认输，绝对不是一种懦弱，也不是对于现实的妥协，更不是没有坚持的韧性，而是一种更加高深的智慧和更加勇敢的行为。这是一种自我调整的变相提高，因为这样的举动意味着我们已经放下了那个要命的虚荣心，开始及时改变自己已经有些误入歧途的人生轨道，去争取另一个更适合自己的机遇和发展机会，从而扭转整个不利局面，夺取新的成功。

在人们固有的意识中，常常认为认输是一种无能的表现，认为只有不认输才是好汉的行径。我们也听惯了关于不认输的精神的各种赞美的词汇：例如一些四字成语如百折不回、屡败屡战，不屈不挠、永不言败等等。却几乎没有一个人赞颂认输者，人们对于失败者也通常会觉得他非常无能，用一种有色眼镜来看这种人。

这是一个极大的误解。在生活中，一种不认输的精神当然很可贵，可以说是成功的关键，但是这种不认输的精神也并非在任何场合都应该提倡。因为很多时候，认输才是真正的明智之举，不认输意味着只是做一些毫无意义的事。只有懂得在一个方面认输，才能转向另外一个方面获胜，学会认输其实不是无能，而是一种更加高明的智慧，也只有这样的人才可能是最后的赢家。

有一位非常著名的影星，曾经在经历三次高考全部落榜后，对父母说："我可能天生就不是上大学的料，如果还是就这样继续下去，也不会有什么好的结果，不要说考上大学的可能性很小，即使真的考上了也没有什么出路。还不如就此在这个方面认输，选择另一条更加适合自己的路走。"于是，他开始放弃学业，随着一个著名剧团学习表演艺术。几年后，终于成了一个红遍大江南北的演员。他在后来采访时说："我很庆幸自己当初的选择，如果没有当初的对于上大学的认输，也就没有我现在的成功。"

有的时候，学会认输，并不是一件坏事，因为适合别人的道路不一定适合你。

学会认输，是为了让我们避开那些已经没有意义的坚持，避开那些根本没有必要解决的争端，也避免了自己的虚荣心作怪，同时也避免一些对于时间的无谓的浪费，让我们能够在更适合自己的道路上发挥天赋。这是一种以退为进的大智慧，是一种高瞻远瞩的长远目光。

懂得认输，不是盲目的行为，暂时的撤退不是为了败却，是为了将来更好的进攻，向后退几步是为了能够跳得更高。聪明的认输也绝对不是懦弱和妥协的表现，事实上，这个时候的认输比坚持更需要勇气与智慧。因为坚持下去很容易，只要不放弃就行了，并且人们还会说你这个人有不服输的精神，得到别人的称赞。而如果认输的话，你就可能听到一些风言风语，所以认输是需要勇气的。生活中谁都不可能保证自己永远是赢家，应该认输的时候还是不肯认输的话，只会将自己陷于进退两难的境地，同时也让人们觉得你这个人输不起，没有豁达的心胸与优雅的风度。

当然，在认输之后，就要在另外一个领域重新拼搏了。因为这个时候你已经没有负担了，那么赶紧努力向前吧，用你的成功让那些看不起你的人闭嘴。

第五章
做人别太张扬

　　每个人都有非常强烈的表现欲，总是希望能够在大家面前出出风头。不过，我们要明白，人也都是有嫉妒心的。大家都希望自己比别人强，出于一种嫉妒的心理，就可能对别人心怀不满。所以，我们做人还是要低调一点，在表现自己之前一定要好好地评估一下。

1. 改掉盛气凌人的毛病

明代学者吕坤在《呻吟语》中说："气忌盛，心忌满，才忌露。"有些人自恃某方面高人一等，言行之间盛气凌人，显得很不可一世。这样的人，尽管有他们的长处，却不知道低调做人，故难以被人们接受，往往是为人所弃时才如梦初醒。

一些人，或有才，或有势，或有名，或有钱，因此就觉得高人一等，处处一副不可一世的样子，言行举止高傲自大，态度盛气凌人，根本不把别人放在眼里。这样的人即使起初有人与其结交，但时日一久，终将为人所弃。相反，低调处世、和逊谦虚，就很容易获得他人的好感，赢得大家的欢迎。

人不可没有傲骨，但不可有傲气。骄傲往往惹人讨厌，若因为某一丁点优势而洋洋自得则更让人鄙夷。不要随时摆出一副"伟人"架子，这是很令人憎恶的，也不要因为有人羡慕而不可一世，更不要时时都是一种教训人的口吻，平易近人更容易让人接受。

自满自得不是明智的表现。自信是好事，但是过分地自我感觉良好实际上是一种无知，很可能导致名誉扫地；才高也是好事，但如果处处显摆、自以为是就会伤人伤己，不受人欢迎；权重也是件好事，但如果骄傲自大，盛气凌人，远离群众，则惹人厌烦。所以，无论何时何地，都应该谦逊低调，放低姿态做人。

日常生活中不难发现这样的人：虽然积极能干，思路敏捷，能言善辩，但他讲话，别人都不愿意听，做事也没人愿意合作。为什么呢？因为他狂妄自大，言行举止盛气凌人，让人感觉别扭，跟他在一起太压抑。因此，即使他能力出众，即使他的建议很到位，观点很有价值，别人也很难接受他。这种人大多都喜欢表现自己，总想让别人知道自己很有能力，处处想显示自己的卓越之处，从而获得他人的敬佩和认可，表明其与众不同。但结果却往往适得其反，费力不讨好。

在社会交往中，人敬我一尺，我敬人一丈，低调谦让的人更能赢得更多人的认可，那些盛气凌人、自以为是的人往往四处碰壁。

每个人在社会交往中都希望能得到别人的积极评价，希望得到别人的认可和尊敬，都自觉不自觉地维护着自己的形象和尊严。交流的目的在于沟通，而不是去欣赏别人的表演，更不是去卖弄露丑。如果对方过分地卖弄，使劲地显摆，总是一副盛气凌人的样子，处处显示出高人一等，那么无形之中就打击了自己的自尊和自信，更是对自我意识的一种挑衅，敌意也就不自觉地产生了。因此，即使双方都不是有意的，但一方盛气凌人的表现可能会摧毁一座本可建成的友谊之桥。

好钢用在刀刃上，有能力、有地位、有名望尽可显示在应该用到的地方，而不是把它作为自高自大、盛气凌人的资本，去惹人讨厌，招人嫌弃，即使确实有能力，有资格，也不要使别人感到相形见绌，低人一等，成为自己的陪衬。在交往中，低调、谦和的态度无疑表达了自己对对方的礼貌和尊敬，是个人修养的体现。

据说英国大文豪萧伯纳从小就很聪明，且言语幽默，机灵善辩。但是年轻时的他自恃口才了得，知识丰富，神态盛气凌人，言语尖酸刻薄，凡是跟他有过交流的人，对他的知识和口才都非常佩服，但是对于他的言行举止、行为作风却很不以为然。时间一长，跟他交往的人便越来越少，人人对他都避而远之，怕被他用尖酸的言辞奚落。

后来，他的一个长辈看不过去，私下对萧伯纳说："你说话幽默，言辞风趣，常常会让人喜笑颜开，这是优点。但是大家觉得，如果你不在场，他们会更快乐，更轻松。因为别人都觉得比不上你，而且你一贯喜欢讽刺别人的缺点，有你在，大家都不敢轻易开口，怕在你跟前丢丑。你的知识、口才确实比他们高明，但时间一长，你的那些朋友都将弃你而去。你有没有仔细地想过，那会是什么样的后果？"长辈的这番话使萧伯纳幡然醒悟，他开始明白，如果长时间这样，而不彻底改变以前的行为作风，整个社会都将不再接纳他，又何止是失去朋友这么简单呢？所以他立下决心，从此以后，再也不讲尖酸刻薄的话了，对人要低调谦和，即使对方有什么错误需要纠正也要言语委婉，态度诚恳。要把能力发挥在擅长的文学上。这一席谈话不仅改掉了萧伯纳地做人处世作风，而且坚定了他的人生方向，为他后来在文坛上的地位奠定了基础，他谦和低调的为人也受到了广大人民的欢迎，赢得了世界人民的尊重。

盛气凌人者，多半自我感觉良好，骄傲自大。但是比别人多点优势，不一定就非要显摆给他人知道，时间自然会证明一切。美国当代作家卡耐基曾经说过这样一段话："你有什么可以炫耀的吗？你知道是什么东西使你没有变成白痴的吗？其实不是什么大不了的东西，只不过是你甲状腺中的碘罢了，价值才五分钱。如果医生割开你颈部的甲状腺，取出一点点的碘，你就变成一个白痴了。五分钱就可以在街角药房中买到的一点点碘——使你没有住在疯人院的东西。价值五分钱的东西，有什么好谈的？"

恃才傲物的人，往往只是把自己或者自己的那点长处看得无比宝贵，却忽视了别人的感受。他们却不明白，社会是个群体，如果没有人欣赏，即使是世界上最璀璨的明珠也比不上一块带给人快乐的普通的石子。

大家都看过河边的鹅卵石，一个个圆溜溜，光滑滑，十分好玩有趣，可是据说在很久以前，可不是这样。

很早以前，河边的鹅卵石也跟别的地方的石头一样，浑身长满尖锐的棱角。一天，因为一个鹅卵石不小心被别的鹅卵石用棱角刺了一下，双方大打出手。结果，你碰我挤，导致所有的鹅卵石都开始了一场混战。每块鹅卵石都像疯子一样，用自己身上最尖锐的地方向伙伴们狠狠地刺去，大家斗得天昏地暗，日月无光。很长时间以后，遍体鳞伤的鹅卵石们没有精力再打下去了，就不约而同地一起住手了。然后在河滩上四处一看，鹅卵石们都傻眼了，不仅很多鹅卵石粉身碎骨，没有了踪影，而且幸存的鹅卵石们一个个也都变得光滑圆溜，身上所有尖锐的棱角在这次混战中都给磨掉了。蓦然，所有的鹅卵石都欢呼起来，因为它们没了可以刺伤别人的棱角。自此，河边的鹅卵石就成了今天这个样子——光滑、圆溜，惹人喜爱。

2. 不要处处炫耀自己

枪打出头鸟，过分炫耀自己不但得不到什么好处，相反更容易招致不测。"谦受益，满招损"，谦虚低调，是做人高明者应该具备的心态，更容易赢得人心；自以为是、过分炫耀最终为人所厌，乃处世之大忌。

每个人生来都是不一样的，家境、相貌、身高等等，这些都是难以改变的。所以即使现在比别人略有成就，也未必就是自己能力所得，即便是自己能力所得，也没有必要处处炫耀。做得好与不好，自然有别人看着，用不着自己去大声宣传，一副唯恐别人不知道的样子。炫耀，就是自以为高明，是挑衅，是很明白地告诉人家，你比人家强。

没有人希望自己比别人差，也没有人希望自己生活在别人蔑视的眼光里。即便是确实不如别人，也没有人希望自己在别人眼里显得低人一等。炫耀，就是抬高自己，也是无形之中贬低别人的一种极不理智的做法。

每个人有了成就都希望得到别人的承认，希望有人赞扬，因此，总是在有意无意间展示自己的长处，殊不知，这实际是在自己头顶悬了一把不知道什么时候就会掉落的利剑。

"当夜幕开启，富凯攀上了世界的顶峰。等到夜晚结束，他跌落了谷底。"著名作家伏尔泰这句话说的其实是一个因为过分炫耀而招致灾祸的故事。

法国的财政大臣富凯为了博得国王路易十四的欢心，决定策划一场前所未有的宴会，他费尽心思筹划准备，邀请了当时欧洲最显赫有名的贵族和学者，甚至著名的剧作家莫里哀为这次宴会还专门写了一个剧本。

这次宴会极尽奢华之能事，有许多人们见所未见闻所未闻的食品和水果，庭院的装修、室内的装潢、烟花的设计乃至莫里哀的戏剧表演，甚至是宴会中的每一个细节，无不让嘉宾们大开眼界。人人都从心底发出感叹，认为这是所参加过的最为完美杰出的宴会。

然而，就在第二天，人们还在回味富凯举办的盛宴时，令人难以置信的事情发生了：国王逮捕了富凯。三个月后，富凯以窃占国家财富罪被关进了监狱，他人生最后的20年都是在单人牢房里度过的。

这就是炫耀的结果，很多时候一时的炫耀都会为自己的将来埋下祸根，不管炫耀的是知识，财富，学识还是容貌。富凯本以为国王观看了他精心安排的表演会感动于他的忠诚和能干，可以让国王明白他的高雅品位和受人民欢迎的程度，从而任命他为宰相。然而事与愿违，每一个新颖壮观的场景，每一幕精彩绝伦的表演，每一位嘉宾的赞赏和微笑，在国王看来，都是财政大臣的炫耀，这深深地刺激了路易十四，傲慢自负、号称"太阳王"的他怎么能咽得下这口气？怎么能容忍富凯超过自己，夺去属于国王的光辉呢？于是，便有了富凯的不幸结局。

处世低调，不要向别人炫耀自己，富凯如果懂得这一点，恐怕就不会身陷囹圄，在牢房中度过自己人生的最后20年了。

能力不是吹出来的，成功也不需要处处炫耀。谦和的心态、低调的作风更能让人们印象深刻。美国南北战争时期，北军的格兰特将军和南军李将军率部交锋，经过一番激烈的血战，南军战败认输，李将军签订了降约，美国内战结束。

看看格兰特将军立了大功后，是怎么做的吧！

首先他谦恭地称赞对手："李将军这次虽然战败了，但是这与他卓越的才能没有一点关系，他依旧是一位伟大的军事统帅。他态度仍旧一如既往的镇定，身穿全新的、完整的军服，腰佩宝剑，气宇轩昂。而像我这种矮个子，身穿士兵的破旧衣服，和他那高大的身材比较起来，真是相形见绌。"

格兰特不但大度地赞美了李将军的仪表和态度，也没有因对方战败而诋毁对方的军事才能。他谦虚地认为自己的胜利和李将军的失败，是天气方面的原因造成的。他说："这次胜利来得很幸运，当时他们的军队在弗吉尼亚，那里几乎天天下雨，行军作战异常不便。而同时我们军队所经过的地方，差不多每天都是好天气，老天都在帮助我们，许多地方往往是在我军离开没几天便下起雨来，这不是幸运是什么呢！"

格兰特将军把一场决定美国命运的巨大胜利，归功于天气和运气，而不是自己战术指挥的高明，也没有因为胜利而炫耀自己的军事才能，而且面对战败的敌人，也没有趾高气扬，这也正是他为人处世的高明之处。成王败寇，这是中国的一句古话，格兰特也不是不可以吹嘘自己如何如何厉害，怎么运筹帷幄、用兵如神，但他并没有这么做，他维护了战败者的尊严，也赢得了世人对他的尊重。

生活当中，也许一个眼神、一种说话的声调、一个手势，就能像话语那样明显地告诉别人——你错了，即使他真的错了，他就会同意你吗？不会！因为你的做法直接打击了他的自尊心，贬低了他的智慧，伤害了他的感情。就算你多么能言善辩，理由多么充足，逻辑多么严密，都难以让他心头舒畅，因为你是在炫耀，而衬托的是他的无能和无知。

曾经，有一位年轻的律师，在最高法院参加了一个重要案子的辩论，因为一件事情使他在若干年后，还对当时的情景记忆犹新。

在庭审过程中，一位老法官突然说："海事法追诉的期限是6年，对吗？"这位律师一愣，这是一个很简单的问题，不明白他为什么搞错了，看了那位法官半天，然后很直接地回答："法官先生，海事法没有追诉期限。"

"法庭内顿时安静下来，那种感觉有些吓人。"他后来讲述当时的情景回忆说，"屋内的温度似乎一下子降到了冰点。我是对的，他是错的，这一点所有的人都知道。我也坚信法律站在我这一边，绝对没有搞错。但我没有尊重他的感受，我当时似乎是出于一种证明自己或者说是炫耀的感情，至少我没有用讨论的方式来说明我的观点，而是当众指出一位声望卓著、学识丰富的人错了。"

"当时他没有说话，也愣了一下，显然有些事情让他难以接受，而且很显然的是，他已经明白了他的错误，但是他仍然脸色铁青，显然是对我的话耿耿于怀，不是内容，而是说话的方式，这伤害了他——一位老法官的自尊，这是他不能接受的，即使我说得再对。"

是的，哪怕是一个微小的动作，一句最简单的话也足以表露你的心思，炫耀有时候更是一种无知的表现。

有这样一位女演员，她在成功摘得两届奥斯卡最佳女主角的小金人后，又凭借在《东方快车谋杀案》中的精湛演技获得奥斯卡最佳女配角奖。然而，她登上领奖台时，却一再称赞与她角逐最佳女配角奖的另一位演员，认为真正获奖的应该是这位落选者，并由衷地说："原谅我，弗伦汀娜，因为你，我事先并没有想到能够获奖。"她就是英格丽·褒曼。

英格丽·褒曼作为这一至高荣誉的获得者，并没有滔滔不绝地叙述自己的努力，更没有炫耀自己的表演是多么精彩，反倒对自己的竞争对手不惜赞美之词，极力维护了失意者的面子。如此做人处世，难怪她能为世界人民所喜欢。

3. 有功别自邀，会有人替你说话

狡兔死，走狗烹；飞鸟尽，良弓藏。古往今来，功高震主者都没有什么好下场，更别提居功自傲，处处显摆的人了。居功而不自傲，有能力而不炫耀，为人处世要低调谦和，才能让成功更为长远。

韩信，汉初三杰之一。楚汉战争时期，他明修栈道、暗度陈仓，出奇制胜一举攻下关中，为刘邦争天下打下了良好的基础。后来，刘邦与项羽相持于荥阳、成皋间，韩信又被刘邦任命为左丞相，带领兵马攻魏、平赵、破齐，最后韩信带兵在垓下一战将项羽击败，使其在乌江自刎，为汉朝江山的建立扫清了最大的障碍。如果没有韩信的话，今天的历史究竟会怎么样，谁也说不清楚。但就是这样一个人，却在未央宫中为吕后所杀，下场非常凄惨。究其原因，刘邦过河拆桥、卸磨杀驴自然是导致他死亡的主要原因，但是韩信居功自傲、不知进退也为他被杀埋下了祸根。

在韩信平齐之后，刘邦在与项羽的对峙中屡遭险境，处境艰难，派人要求韩信带兵援救，韩信却居功自傲，乘机要刘邦封他为假齐王，让刘邦很是恼火，但是考虑之后仍然封韩信为齐王，这件事情也让刘邦对韩信起了很大的猜忌之心。韩信，这样一位杰出的军事统帅，最终因为不明白低调做人的道理，居功自傲，而窝窝囊囊地死在吕后的手中。

韩信的能力是不用怀疑的，明修栈道、暗度陈仓的战略，背水一战的胆识，十面埋伏的战术，可谓战无不胜。但是他功高自傲，最终在未央宫为吕后所杀，一代名将落得如此下场，不能不让人惋惜。相反，西汉的丙吉居功不自傲，深受皇帝宠信，得以善终。

丙吉是西汉时期鲁国人。丙吉自幼聪明，从小就学习法律规章制度，长大以后先是担任鲁国狱吏，后来因能力出众、屡次立功受奖被提拔到朝中任职，后来又被调到长安任狱吏。

汉武帝末年，宫廷发生内乱，祸及卫太子。汉武帝在盛怒之下命令追查所有与此案有牵连的人员，卫太子全家及其党羽也在其中。后来卫太子因为这件事情被迫自杀，全家也被抄封，连刚生下来几个月的病已（也就是后来的汉宣帝）也因此被送进长安监狱。当时担任狱吏的丙吉奉诏检查监狱时，意外地发现了这个小皇曾孙。丙吉知道卫太子的案情不是这么简单，卫太子被害其实并没有确凿的证据，因此，很有正义感的他很同情这个小皇曾孙的遭遇。于是身为狱吏的丙吉就暗中让人喂养这个可怜的婴儿，并且每天亲自去检查孩子的情况，更不准任何人虐待这个孩子。因为这小孩天生体弱多病，而且出生时没多久就遭遇了这么一场变故，因此身体很差，丙吉特意为这个婴儿取名病已，意思就是病祸已经去了，以后无灾无难的意思。在丙吉的悉心照顾下，小皇曾孙在长安监狱里慢慢地成长起来。

几年以后，有一个会看天象的人告诉汉武帝说："长安监狱的上空有天子贵人之气。"这就意味着在长安监狱里待着一个天子，汉武帝于是就派人连夜来到监狱，准备将监狱里的囚犯统统杀掉，以绝后患。丙吉知道这个消息以后，立即关闭了监狱大门，不准汉武帝派来的人进去，并且义正词严地说："监狱里面是有一个皇曾孙，是个婴孩而且体弱多病。但是无缘无故地杀死普通人都不应该，何况这个孩子是皇帝的亲曾孙呢！"于是丙吉就坐在监狱门口，不让来人进去。双方僵持了一个晚上，天亮以后，来人还是没有办法进监狱杀人，只得回去报告汉武帝，并诉说了丙吉大胆抗上的行为。汉武帝听了禀报后，心里有所感触，就下令把长安监狱里的死囚全部免去死罪，也没有追究丙吉的责任，皇曾孙的性命也得以保全。

小病已在监狱里一天天地长大，丙吉知道把孩子长期放在监狱中不是办法，于是就四方打听寻找合适的人选收养病已。后来他听说有个叫史良娣的人忠厚可靠，就亲自驾车把皇曾孙送到她家抚养。在这几年时间里，先是汉武帝驾崩，汉昭帝继位，不想没过几年，汉昭帝也死了。由于汉昭帝没有儿子，使得王位继承人出现了问题。当时掌握朝政大权的是大将军霍光与车骑将军张安世，二人便商议如何解决皇帝的继承人问题。这么多年来，因为丙吉做事认真，尽职尽责，颇有功绩，已经升迁到了大将军府长史、光禄大夫、给事中等职务。这时候丙吉见到皇位继承人出现了空档，觉得小皇曾孙病已的机会来了，他就向大将军霍光建议说："大将军现在是朝廷的支柱，国家百姓的前途命运也掌握在您的手中，我知道皇曾孙病已寄养在民间，现在已经十八九岁了，听说他博学多才，通晓经学儒术及治国之道，而且行为端正，为人谦和，是皇位继承人的理想人选。大将军如果先让他入宫侍奉太后，让天下人知道这件事情的真相后，再辅立即位，无疑是为国为民立下了大功。"大将军霍光接受了丙吉的建议，竭力辅佐皇曾孙病已登基，登基以后称之为汉宣帝。

丙吉虽然先是抚养汉宣帝于襁褓之中，又不顾生命危险拯救汉宣帝于死亡的边缘，而且后来亲自为汉宣帝找来可靠的人将其抚养教育成人，就是登基继位也是在他的大力促成之下才成功的，说他对汉宣帝有再造之恩也毫不为过。但是丙吉为人深沉忠厚，处世低调谨慎，从不炫耀自己的长处和功劳。因此，很长时间以来，汉宣帝和朝中大臣都没有人知道这件事情。一直到霍光因为专权被诛灭，汉宣帝亲政以后，一位宫婢说她曾经有保护养育皇帝的功劳。汉宣帝于是诏令官员查问这件事，宫婢说："此事的详情丙吉都知道。"丙吉还能依稀认出这个宫婢，但是她不是在长安监狱里喂养过皇帝的乳母。丙吉说："我那时候确实是让你照顾过皇曾孙，但是你不尽心喂养，还有什么功劳好讲的。另外两个人才是对皇帝有抚养之恩的人。"这时候汉宣帝才恍然大悟，知道丙吉是自己的救命恩人，再一细查，才得知丙吉对自己所做过的那些事情。汉宣帝大为感动，立即召见丙吉，称赞他有恩于皇帝却不加宣扬，有功于社稷却不自满，实在是一名贤臣。于是下令封丙吉为博阳侯，升任丞相。

汉宣帝给丙吉加官晋爵的时候，丙吉正得了重病，不能起床。皇帝就让人把封印佩戴在丙吉身上，表示封爵。但是，丙吉不愿意接受，一再辞谢。当他病好后，正式上书谢绝皇帝对他的赏赐，他认为自己所做的事情都是为人的本分，也是一名臣子应该做的事情，根本没有什么好夸耀的。汉宣帝非常感动，但是更加坚定了他重用丙吉的决心，他说："我封赏你，是因为你沉稳谦厚，对朝廷确实立有大功。如果我同意了你的辞谢，就显得我不但知恩不报，而且忘恩负义。况且现在天下太平，没有太多的事情需要操劳，只要你安心养病，把身体保养好就可以了，其他的事情你都不用担心。"就这样丙吉才不得不接受封赏，出任丞相一职。

丙吉冒着生命危险，搭救了皇曾孙并将他抚养成人，还辅佐他登上皇帝的宝座，这些事情丙吉却绝口不提。这一方面说明了丙吉具有高尚的品德；另一方面也表现出了他高明的处世智谋。自古伴君如伴虎，稍有不慎，都可能死无葬身之地。过河拆桥，兔死狗烹的事情太常见了，历史上多少人因为居功自傲落得不好的下场，丙吉对此是不会不知道的。

4. 不可口无遮拦，不该说的千万别说

话语不当，好事变坏事，话语得当，能扭转乾坤。从一个人的说话中，能看出他的性格、才能、素养。为人处世低调，说话也应三思而后言。

苏张之口，说的是一个人说话的本事。一言九鼎，说的是一个人说话的分

量。话语，有时候比千军万马还要管用。有人曾经这么描写道："害人的舌头比魔鬼还要厉害，上天意识到了这一点，特地在舌头外面筑起一排牙齿，两片嘴唇，目的就是要让人们讲话通过大脑，深思熟虑后再说，避免出口伤人。"在现实生活中，每个人都尽可能避免信口雌黄，自吹自擂，说话不走脑子，要做到三思而后言。

俗语说：病从口入，祸从口出。每个人在说话的时候都要慎重。话语是即时性的，也就是人们常说的"一言既出，驷马难追""说出的话如泼出去的水"，要是说错了话，即使事后千般解释，也难以完全挽回影响。

有位电讯公司的基层职员平日里工作认真、踏实勤奋，业绩也名列公司前茅，公司本来将其作为重点培养对象，准备调升其为部门领导。只因他以前说话不小心，无意中透露了自己一个很重要的秘密，而被竞争对手击败，没有被重用，失去了一个大好机会。

只有恰到好处地把握说话的分寸，才会在与人交往的过程中一帆风顺。害人之心不可有，防人之心不可无。什么话能说，什么话不能说，什么话该说，什么话不该说，都要在脑子里想清楚，做到心里有数。不然，一旦中了小人的圈套，后悔就来不及了！

如果出言不慎只是断送前程的话，还不是最糟糕的，因为口不择言胡乱说话而断送性命的也大有人在。

19世纪早期，俄罗斯国内爆发了一场革命，革命者要求沙皇进行社会改革，废除封建制度。沙皇尼古拉一世自然不那么好说话，派兵残酷镇压了这场叛乱，还逮捕了大部分革命者。经过调查审判，将他们的领袖判处死刑。行刑那天，受刑的人站在绞刑台上，没想到绞刑开始后，经过他的一阵挣扎，绳索突然断了，这位本该被绞死的革命者摔落在地上。浑身尘土，满身是伤的革命领袖摔得有些迷糊，惊魂未定的他慢慢从地上摇摇晃晃地爬起来，拍打了一下身上的尘土，揉揉脖子，确信自己没有死的时候，他说了一句话，就这一句要了他的命。他说："你们看，俄国人已经不懂得如何做事了，甚至连制造绳索也不会。"当时，在信奉天主教的俄国，类似这种情况常常被当作是天意和上帝恩宠的征兆，不管什么样的犯人通常都会得到赦免。

守在刑场的士兵立刻前往宫殿向沙皇报告绞刑失败的消息。沙皇听到这个消息以后十分气愤，但还是依据习惯写了一个赦免令。在准备发出赦免令之前，沙皇问了一句："事情发生之后，他有没有说什么？"

"尊敬的陛下，"士兵战战兢兢地回答说，"他说……在俄国人们甚至不懂得如何制造绳索。"

"既然如此，"沙皇说，"那我们就证明给他看看，看我们俄罗斯究竟会不会制造绳索。"于是撕毁了赦免令。随后这位领袖再次被推上了绞刑架——当然，这一次绳索没有断，他被绞死了。

虽然革命者之气概可歌可泣，然而，如果他能忍耐，留得青山在，或可为革命做出更多的事情。

会说话，小则增加交流、沟通情感，大则保全性命、兴邦救国；不会说话，小则引发争执、招惹矛盾，大则害人害己、祸国殃民。生活中的矛盾纠纷大多都是说话不慎引起的，话一旦出口，就无法收回。而言由心生，说什么、怎样说完全要靠大脑思索，所以在张开自己的嘴前，先要动动脑子，要三思而后言，在每句话出口前，必须先经过一番思考，造谣中伤、搬弄是非等容易引起麻烦的话语千万要打住，一定不能让它溜出口。

人长了嘴巴，不说话自然是不正常的，除了在说话之前要三思而外，还要注意下面几点：

（1）自吹自擂不好

不要在别人面前吹嘘自己，不管是知识、财富、威望还是权力，自我吹嘘不能让这些东西增加一星半点，反倒可能引起不必要的麻烦。

（2）无谓的争辩，说长道短也不好

动不动就揭露别人的短处或隐私不但会损害别人的名誉，而且显得自己很没有素质。生活中跟别人出现口角之争是很常见的事情，倘如为了一些鸡毛蒜皮的事情跟人争得面红耳赤，或者是为了一些毫无意义的问题而没完没了，就显得很不理智。不但不利于人际关系的维持，也让自己的形象受损，还会伤害别人的自尊。

（3）语气不要太强硬

在和人交往的过程中，语气不要过于强硬，即使身居高位，职属领导，说话用语也应该尽可能地温和，就算对方出了错误，批评的语气也要委婉一些，这样便于对方接受。覆水难收，说出去的话就如同泼出去的水，一旦出口，再想收回是不可能的。

由此可见，做人应该低调，不要张扬，能少说就不要多说，需要说话的时候一定得要注意时机和场合，权衡一句话说出后的利弊。

5. 给人留面子，给自己留退路

人一生难免有缺点和不足，能够谈笑间巧妙维护他人的面子和尊严是做人的高明之处，给别人留面子就是给自己留后路，而揭人短如打人脸，必然引发矛盾。

有人认为，中国人最看重的不是钱财，也不是名誉，不是权位，而是面子。这种看法虽然有偏颇之处，但是从某方面也反映出了面子在人们心目中的重要性。低调做人的高明之处就在于关键时候照顾别人的面子。

明太祖朱元璋出身贫寒，但是他本人却很忌讳这一点。推翻元朝做了皇帝后，昔日家乡的一些亲朋好友自然少不了来京城向他讨要一些好处。这些人以为朱元璋会念在昔日一起长大、同甘苦共患难的情分上，给他们封个一官半职，享享荣华富贵。谁知朱元璋最忌讳别人揭他的老底，认为那样有损自己的威信，因此大多数人都见不到他。

有个故事，他小时候的两个穷哥们来到南京，经过几番波折之后终于见到朱元璋。其中一个性格直爽，出言无忌，和朱元璋一见面，就很直接地说："朱老四，你看你现在做了皇帝多威风啊！还记得以前的事情吗？那时候你我都给人家放牛，有一次我们把牛放在一边，在芦花荡里把偷来的豆子放在破瓦罐里煮着吃，还没煮熟，你就抢着吃，结果把瓦罐都打烂了，豆子撒了，汤也泼了。你只顾从地上抢着抓豆子吃，却不小心连红草叶子也送进嘴去，梗在喉咙里，差点没把你噎死。最后还是我叫你把青菜叶子放进嘴里，才把那根红草带下肚子里去……"还没等这个人把这些事情说完，火冒三丈的朱元璋就连声大叫："哪来的疯子在这里胡说八道，赶紧推出去砍了！推出去砍了！"

杀完一个人之后，朱元璋满脸杀气地盯着另外一个穷哥们，问他有什么要说的。这个人比较会说话，见此情景顾不得害怕，赶紧说："我主万岁!想当年微臣跟您东征西讨，记得有一次去扫荡芦州府。打破罐州城之后，跑了汤元帅，最后拿住了豆将军，不料红孩儿当道，多亏小的叫来了菜将军救急。"朱元璋一听，见他虽然说的也是这一件事情，但是说得好听，保全了他的颜面，于是转怒为喜，立刻封他做了一个大官。

在这里，两个人说的本来是同一件事情，但是前一位因为不会说话，直接揭了朱元璋的底，伤了他的面子，最后不仅没能得到官职，还被砍了头；而后一位因为说话巧妙，既维护了朱元璋的尊严，又恰到好处地点明过去一起玩闹的事情，勾起朱元璋的回忆，最后被封为大官。

其实，现在的社会也是一样，每个人都希望在别人面前表现出自己好的一面，如果谁不小心揭了他的短，戳了他的痛处，无疑是被当面扇耳光，肯定不会善罢甘休。

在生活中，场面话谁都能说，但并不是谁都会说，一不小心，也许无意间就触到了对方的隐私和痛处，犯了对方的忌，对听话者造成了伤害，而自己还莫名其妙。待人处世的成功，一个很重要的因素就是善于发现对方身上的优点，夸奖对方的长处，而不要抓住别人的隐私、痛处和缺点，大做文章。

有一个真实的例子，说的是一群人在看电视剧，剧中有婆媳争吵的镜头。赵姐便随口议论道："我看，现在的儿媳有时候真是过分，一点都不知道好歹，不愿意和老人住在一起，更不愿意照顾老人，嫌这嫌那的。也不想想以后自己老了怎么办？"话未说完，旁边的小瑜马上站了起来，满脸的不高兴："说话注意点，不要给自己找不自在，有什么事情就直接说，我最讨厌别人指桑骂槐。"原来小瑜平素与婆婆关系处得不好，就不喜欢别人说婆媳关系怎么样，最近因为闹得不可开交，刚从家里搬出去另住。赵姐由于不了解情况，无意中揭了对方的短而得罪了小瑜。很多时候，因为没有了解情况，无意之中说话得罪人的事情很多，所以可能的话，最好不要发表一些有消极评价的意见，否则，很可能周围就有人"对号入座"，出现不必要的麻烦。

与人相处本是缘分，世界上有这么多人，五湖四海，西北东南，素不相识的人慢慢地从不认识到认识，从陌生人到朋友。然而交往中，自然避免不了一些磕磕绊绊，产生一些矛盾，闹出口舌纠纷。这个时候，大多数人都会竭尽全力去维护自己那些并不全面、不成熟的观点，用一些恶毒的难听的话去攻击对方，揭露对方的隐私、嘲讽别人的缺点。这样往往会激化矛盾，把小纠纷搞成大矛盾。

会做人的人，不会让这种争执成为破坏友谊的蛀虫，他们总是以和为贵，尽可能地维护别人的尊严，从而赢得别人的好感，提高自己在他人心目中的地位。做人要谦和，即使有了矛盾，出现争执，也要维护别人的面子，有理有据，有进有退，不能得理不让人，更不能死缠烂打、蛮不讲理。

俗话说：要想公道，打个颠倒。意思是说，有时候不妨站在他人的立场考虑一下问题的实质，也许会发现其实人家也不是没有道理。有句话曾经这样描述跟人争吵的后果：一场狂风暴雨般的唇枪舌剑过后，人们得到的仅是心烦意乱，而失去的却是彼此间亲密的情谊，彼此将日渐疏远。

何必呢？可能到最后才发现，你所竭力证明的东西根本一点都不重要，相反还让你又多了一个"敌人"。俗话说得好："多个朋友多条路，多个敌人多堵墙。"卡耐基也曾经说："你赢不了争论。要是输了，当然你就输了；如果赢了，还是输了，因为你输掉了形象，失去了跟人友好相处的一个机会。"所以，适时而退，给人留足面子，不要伤害别人的自尊，更不能侮辱别人的人格。不然，就算获得了胜利，结果只不过是证明了你并不是一个会做人的人。

林肯曾经指责一位和同事发生争吵的青年军官，他说："每一个希望获得成功的人，都不会将时间浪费在无谓的争执上。争执往往使得人失去了自制，这是每个人都要注意的，因为失去自制的后果可能会很严重。就算在表面上吃一点亏也没有什么大不了的，与其跟狗争道，被它咬一口，倒不如让它先过去。否则就算将狗杀死，被它咬的伤还是疼在你身上。"社会中好多事端都是从一个小小的纠纷引起的，在不知不觉中酿成大祸。即使在争斗中获胜，但是又得到了什么，失去的永远也无法挽回了。

退一步海阔天空，让三分心平气和。与人相处，低调谦和，给人面子，维护了别人的尊严，也给自己留下了更多的退路。

6. 风头不可出尽，该让则让

李白曾说，"人贵藏辉"。一个人如果锋芒太露，就会招来怨恨与嫉妒，更容易树敌，聪明人的可贵之处在于不会刻意夸耀自己、不会故意锋芒毕露，而是懂得在复杂的环境中低调做人。

"木秀于林，风必摧之；堆出于岸，流必湍之，行高于人，众必毁之。"若想在纷繁复杂的环境中做到保全自身、适者生存，就应该懂得适时低调。明白其中的道理，才能够冷静、务实地做人，这也是低调做人的基本要求。

一个有才华的人要做到不露锋芒，不但要战胜骄傲自大的病态心理，凡事狂妄、咄咄逼人的张扬行为，还要养成谦虚让人的美德。凡事低调一点，才能够避开意想不到的冷箭；不露锋芒、不抢风头，才可以在"林"中独秀一枝，才可以解得各种罗网。

有这样一个寓言故事：一天，国王与许多人一起出游，他们穿过一片茂密的森林，来到一座景色迷人的大山上，山上住着很多小猴子。

国王与随行人员沿着小路踏上山来，小猴子们见到行人后便纷纷向四处躲藏起来。然而，却有一只小猴子不但不逃走，反而跟随着国王，从一棵树上蹦到另一棵树上，好像是在引起国王的注意。

国王没想到会有小猴子在身后跟着他，他走着走着，突然决定在此打猎助兴。国王拿出弓箭，拉满弓，然后向远处射。没想到这只小猴子竟然跳了起来，朝着国王射箭的方向冲了过去，它恰好接住了那支箭。

国王觉得很有意思，于是又拿出一支箭，搭到弓上，选了一个距离猴子比较远的一棵树，上面站着一只红嘴巴的鸟。

国王的箭迅速地朝着红嘴巴的鸟射去，但是小猴子的反应非常灵敏，几乎是与箭同时腾空而起，向箭的方向迅速飞跃过去，不偏不倚，恰好又把箭抓到了手里。小猴子用手举着国王的那支箭，摇晃着脑袋，满脸的得意，似乎在向国王挑衅。

国王看着这只淘气的小猴子，很生气，他召集随从们一起准备好弓箭，然后一声令下，随从们向着小猴子的方向齐射，小猴子来不及躲闪，被乱箭射死。

国王看着被射死的小猴子，沉思了片刻，然后说道："这只猴子本来很有灵性，动作灵巧、敏捷，若是再多修炼几年，必成大器，但遗憾的是，它总想炫耀自己，这是过分炫耀自己的下场。"

树大招风，真正聪明的人都懂得这个道理，他们不会处处显示自己比别人有能耐，特别是关键时刻，都会小心谨慎地展现自己的才华，以避免惹祸上身，这样做人才不会吃亏。

商代末期，商纣王终日沉浸在"酒池肉林""声色犬马"之中，凡是直言进谏的忠臣都一律被处死。有一次，他宴饮数日而忘记了当时的日子，问左右的人，大家都不知道。于是，他派人去问箕子，箕子心想："一国的主人竟然让本国的人们忘记了时间，这个国家就要面临危险了。一国的人都不知道时间，而唯有我一人知道，那自己的处境就更危险。"于是，他对使者推辞说自己喝醉了酒，也记不清具体的日子。在残暴昏庸的纣王面前，箕子如果为显示自己的记忆，"清醒"地说出具体的时间，他的"清醒"恰好是商纣王"糊涂"的反衬，他未必会得善果。

商界巨子李嘉诚在儿子步入商界时，曾经这样训导儿子："树大招风，低调做人。"成功人士都深谙"风头不可出尽，便宜不可占尽"的道理，这也是一种处世与做人的哲学。

聪明睿智的人大多不张扬，而是以愚钝自守；多闻善辩的人不会在大庭广众之下故意展示自己，而是以浅陋自守；勇武刚强的人不会总是表现自己的勇猛，而是以畏难自守；大富大贵的人不会过分宣扬自己的财富，而是以节俭自守；仁德广施天下的人不会故意显露自己的仁德，而是以谦让自守。做人如果可以做到这种地步，就会避免招致迫害与摧残。

好多人往往追求个性张扬，喜欢率性而为，不懂得委曲求全，结果却处处碰壁，甚至惹祸上身。做人处世，适度地保持生命的低姿态，对于许多事情，要明白一些轻重，分清一些主次，适时内敛，少出风头，可以避开一些无谓的纷争，避开意外的伤害，更好地保全自己，发展自己，成就自己。

7. 藏锋敛迹，免得成为众矢之的

人各有志，每个人各有自己的品性与特点，适时适度地展露自己的锋芒，可以获得一些机会使自己脱颖而出。然而物极必反，过分地外露自己的锋芒也会招致他人的嫉恨与陷害。

孔子说："人不知，而不愠，不亦君子乎！"要想让别人知道自己的最有效办法是，先要引起大家的注意，而一个人的言语、行动往往可以表现出这种欲望，因此，为人处世，若想要保持低调，免遭敌意，就不要锋芒太露，要学会适时地藏锋敛迹。藏锋敛迹也是一种处世的"低姿态"，在社会交往中所表现出的平和、谦逊、圆润及忍让等言行和情态。有些时候，这种低姿态对于保护自我既得利益不受损失是必不可少的。做人最聪明的方法就是不要锋芒太露，许多人认为那是自我欺骗的象征，事实却并非如此。

在中国古代历史上，历代功臣帮主子打江山时，各路英雄汇聚一起，个个锋芒毕露，大显身手。但当天下已定，建立宏图霸业时，虎将功臣的杰出才华就成为主子的极大威胁。锋芒毕露者，不仅得不到重用，而且还有可能成为众矢之的。所以，置身于复杂的社会中，才华显露要适可而止。

在提倡个性张扬的同时，要适时地掩藏自己的棱角。有的人总是深藏不露，表面上看好像是庸才，其实颇有才能；有的人看上去很木讷，其实很善辩、很健谈；有的人看似胸无大志，实则颇有雄才大略，而且不愿久居人下，期待有朝一日能够出人头地。这些人个个藏而不露，不肯在言谈举止上显露锋芒，不张扬，不炫耀。

有句话叫"人怕出名，猪怕壮"。意思是说，人不要太出众、张扬，应该有所顾忌。如果说话锋芒太露，可能会得罪他人，这样无异于在给自己前进路上设置障碍，自己成为自己成功的破坏者。如果行动中过于暴露锋芒，就会招来妒忌甚至引来祸端。如果自己的周围都是障碍与阻力，在这种形势之下，就失去了立足点。

社会阅历少的人往往不懂得藏锋敛迹，而是处处狂妄自大，这样做只会树敌太多。因此，涉世之初，对于纷繁复杂的社会还不够了解的情况下，应该与人水乳交融地相处，在语言表达与行为举止上不要锋芒太露，以免遭人妒忌。

大多数人都有张扬与表现自己的欲望，这是人的本性所致。但是这种欲望常常会使人心态失衡，举措失常，并且会引起他人的侧目和反感，使自己陷于被动局面，使自己磨难不断，运途多舛。

苏东坡年轻时，聪明而富有才华，就因为如此，他有时会表现出一副恃才傲物、盛气凌人的架势。

有一天，王安石与苏东坡在一起讨论王安石的著作《字说》，此书主要是把一个字从字面上解释成一个意思。当讨论到"坡"字时，王安石说："'坡'字从土，从皮，'坡'就是土的皮。"苏东坡闻言笑道："如果照这么说，'滑'字就是水的骨啦。"王安石又说："'鲲'字从鱼，从兄，合起来就是鱼子。四匹马叫'驷'，天虫写作'蚕'。古人造字，自有它的含义。"东坡故意说："'鸠'字是九鸟，你知道其中的原因吗？"王安石一时想不起来该如何对答，但是他不知道苏东坡是在开玩笑，连忙虚心向他请教答案。苏东坡笑着说："《毛诗》说'鸠鸠在桑，其子七兮'。加上它们的爹妈，一共是九个。"王安石一听解释得很妙，心中暗暗欣赏苏东坡的聪明才智，但是觉得他有些轻狂。

不久，苏东坡遭到贬谪，由翰林学士削级降职，被派往湖州做刺史；三年期满后，他又回到京城。在回来的路上，苏东坡想起自己当年得罪了王安石这位老太师，不知他现在是否生气。于是，他回去便急匆匆地骑马奔往王丞相府。

到达相府门口后，守门官告诉他说，老爷正在休息，让他稍等片刻。守门官走后，苏东坡四下打量起来。他看到砚下有一叠素笺，上面写着两句没有完成的诗稿，题着《咏菊》。他看了笔迹，知是王安石所写，不禁得意起来："两年前这老头儿下笔几千言，不用思索；两年后怎么江郎才尽，连两句诗都写不完！"于是，他取过诗稿念了一遍："西风昨夜过园林，吹落黄花满地金。"

念完之后，他连连摇头：原来这两句诗都是胡说八道。一年四季的风都各有名称：春天为和风，夏天为薰风，秋天为金风，冬天为朔风。而这首诗的开头说："西风"，西方属金，应该是说的秋季；可是第二句说的"黄花"正是指菊花，它开于深秋，能够与寒风搏击，即使焦干枯枝，也不会掉落花瓣，显然，诗中"吹落黄花满地金"是错误的。

他为自己发现的这个谬误而得意不已，兴奋之余，不由得举笔蘸墨，依韵续了两句诗："秋花不比春花落，说与诗人仔细吟。"写完后，他又觉得有些不妥，心中暗想，如果老太师出门款待，却见自己这样当面抢白他，恐怕脸面上过不去。但是把诗藏起来也不妥，老太师出门寻诗不见，可能要责怪他的家人。最后他决定把诗原样放好，然后走出门来，对守门官说："一会儿老太师出堂，你禀告他，说苏某在这里伺候多时。现有一些事没有办妥，明天再来拜见。"然后告辞离去。

不多时，王安石出堂，看到自己的菊花诗稿后，马上皱起眉头问道："刚才有谁到过这里？"下人们忙禀告："湖州府苏老爷曾来过。"王安石认出了苏东坡的笔迹，心下直犯嘀咕："这个苏轼，遭贬三年仍不改轻薄之性，不看看自己才疏学浅竟敢来讥讽老夫！"但转念一想："他不曾去过黄州，见不到那里菊花落瓣也难怪他。"于是，他细看了一下黄州府缺官名单，那里单缺一个团练副使。于是，王安石第二天便奏明皇上，将苏东坡派到了黄州。

尽管苏东坡才高八斗，学富五车，可是他锋芒太盛、过于自负。他知道，自己得意之余改诗，触犯了王安石，无奈之下，只得领命。王安石惜才，只给了他一点小小的惩罚，如果是冒犯其他人，可能会受到极大的打击与报复。

也许有人认为，如果藏锋敛迹，就永远没有让人知晓的机会，其实只要有表现自己才能的机会，还是应该把握住这个契机，并且用自己的实际行动来证明自己的能力，这样自然会得到他人的赏识。所谓"真金不怕火炼"，有才华的人终究不会被埋没，需要注意的一点是，在机会来临时，应该把握好展现才华的度，适度的低调会使自己在不显山不露水的情况下脱颖而出。

有一个人"笔头写得过人，舌头说得过人，拳头打得过人"，因此，他自认为自己是一员猛将，不把任何人放在眼里，认为别人都不及他，处处锋芒毕露，结果得罪了许多人，自己的发展也受到了种种阻碍。在处处碰壁的时候，他终于明白，正是自己的无心之过带来了许多嫌怨，为自己的前途设下了荆棘，使自己屡受挫折。从此以后，为避免再犯无心之过，他就藏锋敛迹，三缄其口，行为低调，一改往日的张扬，结果他的人缘慢慢地好了起来，事业也渐渐地顺利起来。

不懂得适时地藏锋敛迹，害处颇多。这种锋芒好比是额头上长出的角，额上生角必然会很容易触伤别人，如果你不去想办法磨平自己的角，时间久了别人也必将折去你的角，角一旦被折，损失将是无可挽回的。

一个人的锋芒应该在关键时候、必要的时候展露给众人，而不是经常拿出来挥舞一番，杀得别人片甲不留、无回旋余地才甘心。刀刃需要长期的磨砺，只图一时之快，不懂保养，只会令其钝化。

8. 收起锋芒，平和处之

低调做人，就要收起锋芒，面对那些并非是大是大非的原则问题，没必要针锋相对，这样做既可以为自己构建宽松和谐的人际关系，也可以给自己带来很多方便，又减少许多麻烦。

《菜根谭》上说："人有顽固，要善化为诲，如忿而疾之，是以顽济顽。"对于别人的顽固行为，应善加开导，而不是忿而疾之，针锋相对。如果两块顽石相撞，只会头破血流。

面对别人的锋芒，低调处理，可以化解许多干戈，从而获得他人的尊重。平和待人的人，他脚下的路有千万条，反之，处处锋芒毕露的人只有走独木桥。因此，平时要收起锋芒，不要咄咄逼人，采取平和的态度去解决问题，可能会避开或弱化对手的锋芒。

大文豪萧伯纳的一部新作《武装与人》首次公演，就获得很大成功。演出结束后，萧伯纳走上了剧院的舞台，接受大家的祝贺。正当他准备向观众致意时，人群中响起了一个反对的声音，有人大声喊道："萧伯纳，你的剧本简直糟糕透了，赶快收回去，停演吧！"

观众们闻此声音，大吃一惊，都用异样的眼光看着萧伯纳，大家以为萧伯纳面对如此无礼挑衅，一定会很生气。出乎大家意料的是，萧伯纳不但没有生气，反而笑容可掬地给那个挑衅者深深地鞠了一躬，并且彬彬有礼地对他说："我的朋友，我完全同意你的意见。但遗憾的是，我们俩人反对这么多观众有什么用呢？就算我和你意见一致，可我俩能禁止这场演出吗？"简短的几句话使那个挑衅者无地自容，只好灰溜溜地离开了剧院。

萧伯纳面对这种无理取闹，并没有反唇相讥挑衅者，而是用赞赏的方式使其失去锋芒。他的这种方法使自己化被动为主动，占据了有利的地位，置挑衅者于孤立难堪的境地，从而使对方不战而败，这种做法比针锋相对、反唇相讥、恶言相向要高明得多。

任何人都不喜欢被别人当众指责，认为那是一件非常难堪的事情。的确如此，每个人遇到这样的事情都会感到愤怒。若是与锋芒毕露的攻击者反唇相讥、争个面红耳赤，必然会激化矛盾。因此，有时要面对突如其来的风暴，面对尖锐的批评与打击等，不如把自己的锋芒与愤怒化为智慧，用平和的态度解决面临的羞辱或尴尬，使攻击者知难而退，不失为一种明智之举。

东汉时期，颍川郡太守寇恂办事周全、懂得顾全大局，对于自己遇到的一些比较尖锐的事情，他能处理得恰到好处。

有一次，执金吾贾复从京城洛阳去汝南郡，他手下的一个亲信依仗主子的势力，为非作歹，在颍川郡杀了人。寇恂派人将此人抓来，严加审问后在大街上砍头示众。贾复听到这件事后，认为寇恂故意驳他的面子，气得骂道："欺人太甚了，打狗还得看主人，寇恂这小子，我绝饶不了他！"

后来，当贾复办完事要到颍川郡时，他说："我见到寇恂，一定要教训他。"寇恂知道贾复内心不平，气还没有消，一定要找他的麻烦，于是就决定避开这个锋芒，减少一些麻烦。他手下的一个官员对他说："难道您还怕贾复吗？如果是这样，我带着剑跟在您身边，他要对您不利，我就对他不客气！"寇恂听后笑了笑，语重心长地说："你知道蔺相如是有勇有谋的，即使是秦王都怕他，但当廉颇要与他一争高下的时候，他却让着廉颇。他能做到的，我寇恂难道做不到吗？"

贾复毕竟是京城来的大官，他从颍川郡路过，如果太守完全避开不见面，是没有道理的。寇恂想了想，不能以硬碰硬，针锋相对，他决定用平和的态度来化解贾复的怒气。他立即吩咐手下人备下丰盛的酒饭，当贾复和他的随从来到的时候，以此安慰贾复一班人马。当贾复的队伍进入颍川郡时，郡里的官员们按照寇恂的安排，热情地献上好酒好饭。

当贾复一行人酒足饭饱时，寇恂突然赶来，表示欢迎，简单的寒暄之后，他对贾复推说有病，便匆匆地离开了。看着寇恂远去的背影，贾复的情绪变化很大，他本想发怒，以解心头不快，但却吃了人家的酒菜，受到热情地招待，实在没有理由大发雷霆，只能将心中的不满咽进肚里去。

寇恂没有任何过错，但他面对别人对自己的不满，没有争也没有斗，更没有去竭力解释，而是以柔和的态度来迎接别人的怒气与不满，不但解决了问题，而且还没有伤和气，其智慧可见一斑。

遇到锋芒毕露的人，不要以怒制怒，以锋芒对锋芒，大打出手，引发事端。如果表现得太拔尖、太露骨，势必会遭人妒忌，此时，就需要将锋芒藏起来，用柔和的方法去处理问题，可能会使大事化小，小事化了。

9. 不要到处卖弄小聪明

很多人都有一个弱点，总是希望自己的某些方面超过别人，也喜欢在别人面前表现自己，不过这是一把双刃剑，一方面可能会让人更加努力奋斗，另外一方面则可能让人过于张扬，从而引起别人的嫉妒，最终成为被别人暗算的原因之一。所以一个人要想长久地发展，就必须学会保持低调的作风，千万不能过分张扬，一张扬，也就意味着别人需要向你看齐，并且别的人的表现机会也就被你占据了，这样肯定会让别人感到不快。无论怎么说，别人一定会因为你的过分张扬而不喜欢你的，所以千万不要自作聪明，保持低调才能最终成功，这也一直被奉为处世做人之道。低调做人，不仅是一种优良的品格，也是一种做人的大智慧。

作为一个人，当觉得自己能力一般的时候，往往还可以保持低调，但是如果特别有能力的时候，就会不由自主地沾沾自喜了。对于一个非常有能力的人，如何保持低调就是注意的事情了，因为你的才能可能已经使得很多人开始暗暗地嫉妒你了，如果在这个时候你不能保持低调，还是那么盛气凌人的话，可能会引起非常不好的悲剧。

越是风光时候，越是要保持低调，只有这样才能更加有效地保护自己，而保护自己是成功的前提，如果连自己都无法保护好，何谈发展自己，实现自己的抱负呢？同时，保持低调还能更好地融入人群，与大家和睦相处。而这也是大家所喜欢的，没有人会喜欢一个总是咄咄逼人的人，就算真的非常有才能也没有资格对别人这样。真正需要的态度是始终不骄不躁，在卑微时也能够安贫守道，不要因为别人的眼光而妄自菲薄，不要因为一时的失败而自我怀疑，也不要因为一时的挫折而放弃原来高远的目标。应该保持一种超然豁达的态度，而这个时候的豪迈会让你显得更加成熟而自信，而当成功时就要收敛一下。如果还是锋芒太露的话肯定会经常遭到别人的嫉恨，而这样下去，时间一长的话，就会树敌太多，从而发现你已经孤掌难鸣。

鲜花在将要开放还没有开放的时候是最美丽的，酒在将要打开还没有打开的时候最令人心醉。人也一样，永远不要把自己完全暴露出来，永远不要过于张扬，真正厉害的人一定是懂得藏拙的人，他已经通晓不可务虚名而处实祸的原则。所以一个人在事业有成时，一定不能趾高气扬、目中无人，反而意识到这是非常危险的时刻。盛极必衰，你已经有很多人嫉妒了，他们在心里可能已经非常希望你跌跟头了，所以这个时候一定要能够保持谦虚谨慎和戒骄戒躁的作风，甚至要比以前更加谦虚。

一个人即使有过人的才智，也切记不要把自己看得过高。因为捧得越高，摔得越惨，也因为天外有天，人外有人，如果突然来了一个更加有实力的人，原先的自大只能成为众人的笑柄。记住，无论到什么时候也不要过于张扬，一个人过分炫耀自己的才能不会显得如何高明，反而只会显得愚昧无知，夜郎自大。而真正的智者通常在低调中暗蓄力量，他们做什么事都能够让别人在没有知觉的情况下悄然潜行，这样在无形之中也减少了阻力，从而在不显山不露水中最终成就自己的事业，真正得到了不鸣则已，一鸣惊人的效果。

关于不懂得低调做人的故事也有很多。大家所知道的在三国时期，整个社会是人才济济，而杨修便是其中一位，这个人确实非常聪明，特别能够猜透别人的心思，最神奇的是他总是能够猜透曹操的心思。有一次，曹操准备建设一个花园，建成之后工匠们请来曹操审阅，曹操在看过之后一句话也没说，只是在园门上写了一个活字，然后就离开了。这个时候工匠们根本不知道曹操到底是什么意思，而这个时候杨修正好过来，在看到这个字之后哈哈大笑，表示事情非常简单，丞相写活字的言外之意就是设计的园门太小的，需要修改，因为门字里面加一个活字不是很明显是阔字么？工匠们听完之后恍然大悟，赶紧扩建了园门。而曹操见后十分满意，不过他得知这是杨主簿的主意后，心里却开始猜忌这个人。而这也为杨修后来的人生悲剧埋下了伏笔。

曹操后来在平汉中时没有任何进展，魏军一时陷入了进退两难的境地：如果前进的话，根本无法取得成功，而如果就此撤退又怕蜀兵耻笑。曹操这个时候犹豫不决，正好适逢庖官进鸡汤，操见碗中有鸡肋，与自己的情况十分相似，于是开始沉思不语。这时正好有将领入帐，禀请夜间的口令，操于是随口就答"鸡肋！"那个将领非常困惑，然而看到曹操一脸阴暗的样子也不敢多问，只好把这个口令传达下去了。大家听到这个口令不知道是什么意思，非常疑惑，这个时候杨修听到了又是哈哈大笑，竟然让大家收拾行装，准备回家。将士们当然没有这个胆子，于是问杨修如何知道魏王要撤退，杨修这个时候非常得意地说："从今夜口令，便知魏王退兵之心已决。鸡肋者，食之无肉，弃之有味。今进不能胜，退恐人笑，在此无益，不如早归。魏王班师就在这几日，故早准备行装，以免临行慌乱。"而曹操这个时候又正好心烦意乱开始在外面行走，竟然发现大家都准备回去，暗暗惊心，一问才知道是杨修搞的鬼，其实曹操早就有杀他的心思了，现在正好有一个机会，于是曹操毫不犹豫地杀了杨修。

后来明代李贽在点评《三国演义》时对于此事有深刻的评论："凡有聪明而好露者，皆足以杀其身也。"聪明并不是杨修的错，他就错在锋芒太露，太想表现自己了，以致说了一些不应该说的话，做了一些不应该做的事，最终招来了杀身之祸。虽说是曹操嫉贤妒能的表现，不过也可以说是杨修自掘坟墓。

一个人保持低调可以说是一种高深的智慧。不过也要记住，低调只是过程，不是目的，不能为了低调而低调。低调当然是一种优秀的作风，不过这种作风是为了能够更好地发挥自己的才华，而不是空有一身才华却不敢发挥。所以，低调也是有一定限度的，到了必要的时候该出手时就出手，绝对不要犹豫不决，以致浪费了大好的机会。机会不是什么时候都有了，这次错过了，下次可能很难找到类似的机会了。

在需要发挥才能的时候，就再也不要深藏不露、孤芳自赏了。这样只会使自己的才能被埋没，甚至别人也因此而认为你只是一个凡夫俗子，根本没有任何突出的才能。所以在适当的时候就不要再低调了，要大胆地向别人展示自己，让别人看到你的能力，让别人知道原来你勇于承担，这样别人就会对你刮目相看，你也终究有了出人头地的机会。而如果你仅仅为了怕招致别人的妒忌，而不敢发挥自己的才华，就是误解了保持低调的真正含义。最终的结果是一辈子能不施展自己的才华，碌碌无为，这当然也是不可取的。

特别是现在，就业压力越来越大，社会的上各种人才也是不计其数，无形之中给需要求职的人压力，需要在最短的时间之内表现出自己的才华。在这个时候韬光养晦或者故作谦虚都是不明智的。现在大学生就业已经成了一个全社会关注的一大话题，大学生每年的就业形势越来越严峻也是一个不争的事实了。大学生如果真的想要脱颖而出，让一家公司很快认可你，就要在求职过程中大胆向用人单位推荐自己，自己有什么才能就大胆说出来。因为大家的时间都非常宝贵，在短暂的几分钟时间里，用人单位需要鉴别你到底能不能适合公司的工作，在他们招聘的各种人才中，你究竟处于什么层次。如果录用你，你可以为公司带来多大效益，你的能力离公司的标准还有多大差距。如果录用了你，需要在你身上花多长的培训时间，将来你的长处适合在公司的哪个部门发展，适合在哪个分公司发展，等等，这些都是他们需要考虑的问题。而他们关注的通常是求职者高于他人的能力，也就是你的独特能力，因为独特的东西才是有竞争力的。

大学生刚开始求职的时候应该把握住难得的机会，不用隐藏什么，有多少才能就说出多少才能。在进行一个简短的自我介绍之后，下面就要向用人单位详细地介绍自己的特长和优势，这些才是用人单位最关心的。他们关心你的特长能够为公司创造出多大价值，所以没有必要在一些细枝末节上说那么多没有的东西，直接切入主题说出自己的特长就行了。

当然，如果你没有任何工作经验的话，你在上学期间通过参加社会活动得到的社会经验也是非常重要的。这个时候你就要有一个很清晰的思路来介绍这些，所以有必要事先准备一下，你可能会因为一时的紧张或者别的什么原因而不能把意图完整而快速地表达出来。这样会给公司留下一个不好的印象，他们也许会觉得你没有完整的实际工作经验，而这种印象显然是非常不利于你的求职。所以虽然是小问题，却也是非常重要的，是不能够忽视的。当然如果你在学校得了什么奖项或者自己曾经发表过什么文章的话最好也能够带过来，因为事实胜于雄辩。拿出一些真正能够代表自己才能的东西一定能够能给用人单位留下深刻的印象，从而也有利于受到用人单位的青睐，最终突出重围，脱颖而出。

真正的低调包含的内容是多方面的，里面也有很多做人的道理。现实中真正低调的人一定会把把主要精力真正放在那些能够让自己智慧得到成长，让自己意志得到磨炼的东西身上，而不会把时间浪费在那些虚幻的，没有任何实际意义，甚至有的时候会给自己带来灾祸的荣誉、金钱、地位身上。他们会把这些看得很淡，因为他们已经懂得，这些东西，如果你拼命追求，他们反而会离你越来越远。如果你根本不注意他们，只是一心来提高自己，增长自己的实力的话，那么你会发现，有一天，也就是在你的能力取得重要突破，成为一个行业的佼佼者的时候，那些东西会不请自来的。

如果不明白这个道理，只是把精力放在对名利的追求上，那么你会发现，尽管已经花费了好多时间，那些东西还是离你那么遥远。因为你太注重一些虚幻的东西了，你的能力根本没有任何增长，所以就算一时获得了一些名位和利益，也不会长久。因为别人不久就会知道你不过如此，他们也就会不再重视你，那些无用的追求也没有任何成果。

而一个真正低调的人是真实的，不是为了沽名钓誉。因为他已经明白，一个人只有不汲汲于名利，不戚戚于富贵，才能真正地让自己充实起来，也比一般人更加有才能。而一个真正有才能的人无论到什么时候都是不怕被埋没的，当然他们也知道人生的道路非常宽阔，可以给一个人带来自豪感的东西非常多，一个人能够让别人欣赏的东西也非常多。特别是有些事物根本不能用名和利衡量出来，得到与失去根本也是一对矛盾，根本没有绝对的得到，也没有真正的失去，所以在名利上失去几分，在别的方面反而可能有更大的收获。

第六章
不要把怨恨挂在心头不放

　　人们总是对自己非常宽容，对别人却很少有人能够做到这一点。人们总是对仇恨耿耿于怀，所以这个世界上总是有很多纷争。可是，我们想一下，怨恨别人又有什么好处呢？这样真的能够让你得到快乐么？答案是否定的。

1. 怨恨别人是在折磨自己

一个人要想快乐生活，需要保持一个宽容的心态，在现实中，总有一些人是我们所不喜欢的，也会有很多事让我们感到十分恼恨。当然这有可能是别人有意做的，也有可能是别人无意做的。不过，不论对方是有意还是无意，他们的行为显然伤害到了我们，理所当然地会对他们表示出怨恨的心情。其实，这样做是很不明智的，因为怨恨除了产生怨恨，并不能解决任何问题，怨恨是一把伤人的剑，你在怨恨别人的时候不仅伤害了别人，也伤害了你自己。在怨恨别人时必然是心里是不愉快的，也必然会遭到别人以后对你的怨恨。这样下去，永远没有解除的时候。

你在心中有恨时，总是觉得别人对不起自己，总觉得这个世界对你是不公平的。总是觉得自己付出得太多，而得到的却非常少，而别人根本没有付出很多却得到了很多，有的时候甚至别人对自己的付出根本熟视无睹，所以这让你的心里非常不平衡。还有时候有突然遇到了一个不好的事，而别人反而运气出奇的好，得到了一些没有任何来由的实惠。这当然也会让你非常嫉恨，好运气为什么总是伴随着他人，而不会降临到自己身上呢？

于是，不管怎么想你都觉得自己在这个世界上到处碰壁，别人对你是不公平的，老天对人是不公平的，所以你永远无法平息心中的不平。你总是觉得别人应该怎样而没有怎样，你不由自主地对别人进行抱怨和诅咒，对于他们的不幸幸灾乐祸，而这个时候其实你已经深深地伤害到别人了。不过你并没有感觉到这种伤害的严重性，你觉得这是上天在对你的不公平待遇的一种补偿，然而最终证明你是错误的。你伤害了别人，而你并没有从中得到任何实惠，即使是所谓快感也非常短暂。因为你的心里已经有一些扭曲，很快就会又发现还有一些事情对你不公平，还是要通过各种方法找到一种平衡自己心理的办法。

而最终的结果是你已经陷入这种怨恨中无法脱身了，你无法再保持一个好心情和一个健全心理，于是你会无所顾忌地伤害别人，别人也会因此而不再接近你，你最终被遗忘在一个角落里，伤害了别人，最终也伤害了自己。

其实，当我们对于一个人或者一个事情感到怨恨的时候，可以冷静下来仔细思考一下，想一想，这样做能够让我们得到什么呢？我们会因此而得到更多快乐么？会因此让别人对我们刮目相看么？这样就可以显示我们有力量么？最终的结果又是什么呢？除了让别人远离我们，还有什么更好的结果么？而如果我们能够放下怨恨，理解对方，宽容对方，又会是一个什么结果呢？这样比较下，也许你就会得到一个正确的结论和做法了，你也不会再为怨恨所困扰了。

在茫茫人海中，人与人能够相识是一种缘分，而一个人要想成功也不得不依赖别人的帮助。如果你恨一个人，那么对方也会恨你，当然他也不会再帮助你了，甚至可能成为你事业上的阻力，那么这其实是你的损失。选择是做朋友还是做路人，其实只在一念之间，这个时候如果不能把怨恨放下，换来的只是事业上的不顺和人生的失意。

2. 转变一下思路，恨就会变成爱

无论是爱一个人还是恨一个人，都会对你的人生产生重大的影响，有时甚至可能会占用你的一生，而这个让你爱或者恨的人也不可能不对你造成影响，有时也会影响到你的一生，显然爱与恨的结果是截然不同的。

当爱一个人时，他给予你的是欢乐的日子和一些美妙的回忆，能够给予你安慰与鼓励，特别是在你事业失意的时候，他们不会因此而轻视你，反而会更加照顾你。这当然是你所需要的，所以只要你想起他们，你就会觉得自己还有力气去奋斗。这个世界上毕竟还有人真心对你，而对于他们的到来你也会露出会心的笑容。他们会让你重新获得力量，可能你原本糟糕的心情也会变得轻松。总之，和他们在一起，只会让你的事业进步，让人的人生完美，不会有任何不好的影响。

而恨一个人则不同，他给予你的所有印象与回忆都是令人讨厌的，甚至你会不想见到他的人，哪怕只是几分钟，你也不想和他说话。有的时候甚至连他的朋友和家人也不愿意理睬，和他有一些关系的人你也会莫名其妙地讨厌起来。而听到别人赞美他时，你也很有可能会远离这个人，根本无法听下去。而如果有一天他真的出现在你眼前的时候，你也不会有什么好表现，本来好好的心情可能会变得非常坏，你不愿意和他说话，有时他和你说话，你也会感到特别不自在，甚至一句客套的话你也不愿意说了，你想到的只是马上离开。于是，你的内心被这些怨恨全部占满了，甚至你要强迫自己去忘记关于他的一切记忆。不过你会发现，事实刚好相反，一些事情你越是想要忘记，反而却记得更加清楚。

而这个恨也永远地困扰住你了，从此你变得更加烦躁不安、感到莫名其妙的痛苦和担心，甚至会失眠，而他也会时常地出现在你的梦中，当然是噩梦。这个时候，你会发现，所有的快乐似乎已经离你远去了，你是那么孤独，那么寂寞，没有人来安慰你、鼓励你了。终于你在你自己所编织痛苦的圈子里陷得越来越深了，最终无法自拔，你的事业因此而停滞，你的生活没有了快乐与美好。

而其实，你完全可以不必这样，因为怨恨是你自己选择的，根本没有任何人要强加于你，你只是一时想不开，或者对于怨恨太执着，无法宽容别人，最终也没有宽容自己，你选择了怨恨，其实这是一种两败俱伤的方式。因为互相怨恨的对方绝对没有任何好感，就算你战胜了别人，也同样不会得到快乐。

当然，我们也知道忘记一个恨的人和忘记一个爱的人同样困难。总是会有一些人和事引起我们怨恨，不过要明白，根本问题还在于选择。只要我们的心胸再开阔一点，是完全可以避免仇恨的，这种做法表面上看来似乎是吃亏了，不过最终却赢得了一个朋友，是得到了真正的实惠。

所以，宽容别人吧，宽容别人也是宽容自己，因为恨一个人毫无意义，除了苦了你的心、累了你的身之外，不会有任何好的结果。所以，就算是说得自私一点，为了你自己打算，也不要怨恨别人，不要那么斤斤计较，忘记怨恨不更好么？

当我们忘记了怨恨，其实不仅是对于别人的宽容，也是对于自己的一种升华。思想与品格得到了一个洗礼，在这个过程中，我们已经幡然惊觉，原来的态度是多么结幼稚啊，那些原来让我们一直耿耿于怀的怨恨，其实根本不值得一提，而我们却学为了这些根本微不足道的小事而终日不得安宁，实在是不明智的。那些所谓的委屈与我们的一生的幸福比较起来，是那么的渺小，而我们竟然为了这些事情而错过了一些美好的时光，实在是得不偿失。同时我们也会深深体会到，其实忘记怨恨根本没有产生任何不好的影响。

在抛掉了对他人的怨恨之心后，自己是轻松了，原来的对头变成我们的朋友，并且这个朋友因为我们的宽容而感激不尽，以后对我们有非常大的帮助。从此友情的阳光便会冲破怨恨的阻碍而直接照入我们的生活，从此面对任何困难，我们都不会再感到恐惧，因为有一些真正的朋友在背后默默地支持着我们。我们无论如何欣喜雀跃都是无可厚非的，因为我们已经学会不怨恨，学会了宽容，在这个过程中自己的人格也得到了提高，自己的魅力也得到的升华，自己的智慧也是一个质的飞跃。总之，以前那些一直感到困扰的事情都已经不存在了，我们已经具备一种对于生活的更加重要的适应能力。

当然，最应该感谢的还是我们自己，因为宽容别人正是自己战胜自己的结果。别人无论说了多少道理，如果我们自己没有听进去，或者没有改变过来，还是没有用的。如果我们还是执意不肯忘记怨恨，那么最终受到伤害的也是自己，绝对没有任何人来代替我们接受这个伤害，在这个过程中，我们其实是退步了。因为错过了一个可以开阔心胸，保有宽容豁达心境的机会。

太执着于怨恨，总认为自己是委屈的，那么心中对他人的怨恨也会在不断升级，这其实是一个弱者的心理。真正的强者是不需要通过这种方式来显示自己的力量的。他们已经非常强大了，强大到几乎可以包容敌视了，于是这个时候，没有什么人能够伤害到他，当然他们也不会对于别人有那么多的恨了。

宽容别人，忘记对他人的怨恨之心，不仅仅是一种高深的品格，也是一种高深的智慧。这个过程中受益的人其实不仅是那个被你宽容的人，也是你自己。因为在抛弃怨恨之心的同时，你也就是放过了自己，那些在你内心一直压抑你的心理负担也会随之荡然无存。你不再是为了恨而活了，在忘记恨之后，你已经感受到一种难以言喻的自由和轻松，你的心灵能够呼吸新鲜的空气了，你的生活里充满阳光。

3. 宽容别人，放过自己

现实中不乏因为怨恨而最终使得自己生活不幸福的例子。

下面这个小故事，说的是有一个事业非常成功的副经理，他在一个企业里已经辛辛苦苦地工作了20多年，无论哪个方面都无可挑剔。就在他临近退休的时候，公司里的人一致希望他能够成为一个正经理，就算是一个短期的头衔也是好的。因为这可以看作是对于一个老员工的安慰，当然也能够激发别的员工的工作热情。当然他的威望也已经足够，他的能力也是众所周知的。可是在最后时刻，虽然他的各项条件都已足够，该企业的董事长却没有让他通过，这也成了他一生的遗憾，因为这个让他一生为之奉献的公司没有给他一个完满的结局。他觉得自己非常委屈，辛辛苦苦几十年，没有功劳也有苦劳吧，可是谁能够想到最终是这个结果呢？自己不成了别人眼中的笑话了么？他对于这个事情也一直耿耿于怀，为此他心里对那位董事长怨恨不已，总是对他进行一些诅咒。甚至已经退休好多年了，见了那个董事长的面还是不理不睬。董事长曾经有好多次主动打招呼，可是他根本装作没有看见。事情过去十多年了，他心里的那种怨恨仍然没有减少，甚至又增加了。

然而这也最终伤害了他自己，由于他对于这个事情一直怀恨在心，导致退休之后整日心情不好，干什么事都没有精神。而原本应该安享晚年生活的他，却得了各种疾病，老是感到四肢无力，心烦意乱，失眠多梦。当然他的儿子也非常孝顺，陪同他去医院检查过好多次，中间也服用了大量的药品和补品，同时他还参加了一些老年人的活动，比如下棋，钓鱼什么的，可是情况还是没有好转。

没有办法，眼看着老人的身体和心理状况一天天地恶化下去，他的儿子也非常着急，可是治疗根本没有任何进展。一个非常偶然的机会，有位心理医生知道了他的事，明白了他的病根所在，就主动过来帮助他医治。他对老人说，你现在之所以这样，完全是自己在害自己，其实你也知道，你根本没有什么大不了的病情，无非是你一直没有忘记怨恨。公司里的那个事情十多年来一直困扰着你，无论你用什么办法，你还是不能从那个不快的记忆中解脱出来。当然，我也不否认，那个董事长的做法未必恰当。不过，其实你仔细想一下，这是主要原因么，导致这种结果的恐怕还是因为你自己吧，你这样又有什么好处呢？那个董事长不会因为你的怨恨而受到什么损害，相反你自己却没有正常生活，你这不是无异于拿别人的"错误"来惩罚自己么。其实吃药打针都是没有用的，能够看好你的病的不是医生，而是你自己呀。

　　这个老人听了心理医生的话之后，想了好久，几天之后终于想通了，从而心情也就逐渐开朗起来。儿子觉得非常奇怪，最终得知原来父亲的病情不过是因为十多年前的一个恩怨，不由得感叹不已。而老人在终于放下那些微不足道的怨恨之后，对所有人都变得非常友好。后来那个董事长又主动过来登门拜访，双方经过一番推心置腹的交谈之后，老人觉得自己为了这点事情不理对方实在是没有风度，原来的隔膜也就烟消云散了，两个人成了好朋友，没事总是一起出去，老人也非常长寿。

　　是啊，现在社会人与人之间的联系这么紧密，在人与人之间频繁接触的过程中，发生一些冲突与摩擦不是常见的小事么，有必要为了这些事情而怨恨对方么？其实我们可以想一下，就算是我们关系最好的情侣与朋友，相互之间不是还会发生一些磕磕碰碰么？这是根本无法避免的嘛，如果每天为了这些小事而怨恨对方，那么大概我们也没有任何朋友了。所以，还是让我们宽容对方吧。

　　不止是现实生活中，仇恨要不得，就算是在小说里面，宽恕的意义也同样大于仇恨。当然，对于一些经典的武侠小说，我们往往也看到主人公总是在开始的时候有着这样那样的血海深仇，不过具有大侠的人格的主人公最后在宽恕中得到表现。

　　金庸小说里面，有仇恨的人非常多，不论是萧峰，还是林平之，甚至还有杨过，不过最终的结局非常不同。林平之因为仇恨，处心积虑地报仇，最终自宫练剑，毁灭了自己。而郭靖刚开始的时候也是为了报仇而和欧阳锋一直没完没了，在最后发现欧阳锋真成了一个"疯子"后，反而生出了怜悯之心，最终也放过了欧阳锋。其实他是明智的，他虽然没有报仇，却做了比复仇更有意义的事情。因为这一举动使他最终完成了自己人格上的提升，成为让人景仰的一代大侠。

　　由此可见，仇恨只能让一个人的心胸越来越狭隘，而宽容却能让一个人拥有整个世界。宽容的力量远远比仇恨更加强大，杨过最终因为郭靖人格上的崇高与宽容精神而被彻底感化。

　　所以，当你感到怨恨时，不要再让怨恨来蔓延下去了，用宽容来取代它吧，这不只是对于对方的大度，也是对于你自己的提升。这个世界原本是充满脉脉温情的，不过仇恨会杀掉这种温情，只有能够宽容别人的人才能够最终享受这种温情。

4. 包容越大，得到的越多

其实，生活中的很多烦恼都是我们自找的，一些事情的影响并没有那么大，完全可以忽略不计的，不过却由于我们的狭隘思想而将很多事情"小事化大"了，这样原本可以轻易解决的矛盾反而不断激化了。当然最重要的原因还是因为我们自己，因为在某种情况之下，我们被冲动与愤恨占据了所有心理空间，因而丧失了理智。在这之后，又由于根本没有时间去思考豁达与宽恕，最后导致事情越来越恶化，严重伤害到了双方的关系，以至后患无穷，怨恨越来越升级，最终无法收拾。这个时候双方也会骑虎难下，后悔也来不及了。

反之，若当事情刚刚发生的时候就能够心平气和、冷静地处理，同时真正能够为对方考虑，那么最终的结果绝对不会是这个样子的。最终的结果会是化大事为"小"，原本可能会出现的大的冲突根本不会出现，两个人能够化干戈为玉帛，化"敌"为友，让双方都有面子，也都能够得到好处。

这个结果当然是由于能够包容对方才能出现，那么现在就让自己多一些包容吧，其实你会发现，包容别人并不会让你有任何损失，反而会让你有更多获得。

哲学上讲过，矛盾是普遍存在的，而生活在这个社会群体中的人们，相互之间也难免会有种种矛盾。问题的关键不是避免矛盾，是学会如何化解矛盾，化解了才是升华，才是智慧。而要化解矛盾，首先要学会包容。如果根本无法包容对方，有一个怨恨在心里，这必然会导致你的行为伤害到对方，而对方受到伤害当然也会反击，于是你们之间的矛盾也根本无从化解了。

包容的意义也不仅仅局限于宽容对方，更是一种基本的生活态度。能够客观地接受一切，心有不满时还能够平和对待。特别是当你已经窥向别人缺点的时候，别人形象在你的心中不再完美的时候，你会怎样做呢？对他产生一些不好的想法么，降低对他的评价么？这些显然不是包容的范围。要做的是能够心平气和地接受这一切，并且仍然是和平友好地与对方交往。只有如此，才是超越了包容。

一个人要想能够成大事，也是需要包容的。包容必然要求豁达，而豁达也是一个人走向成功的必备品质。如果一个人过于计较成败，对于一城一地的得失也不能放心，这个人很难做到举重若轻，对于一些事情淡然处之。由于无法忍受一些失败与挫折，这个人也必定不能成为一个大气之人。

总结一下那些古往今来无数成功人士的必备品质，就可以发现，那些伟大人物无一不是没有博大的胸襟的。曾任美国总统的富兰克林·罗斯福有一次家中失盗，一下子被偷去很多东西，换了一般的人可能几天无法平息。他的朋友得知这一情况，也赶紧写信安慰他。没有想到的是，罗斯福根本没有任何心情不好的表示，他在回信中这样说："哦，我亲爱的朋友，谢谢你来信安慰我，不过我可以告诉你我现在很平安。因为：第一，贼偷去的是我的东西，而没有伤害我的生命；第二，贼偷去我部分东西，而不是全部；第三，最值得庆幸的是，做贼的是他，而不是我。"

当然，我们可能做不这样豁达，不过对于这种境界的追求也是我们不应该放弃的。

而当一个人犯错时，如果只是一味地指责他，往往并不会有良好的效果，他会为了维护自己的自尊心反而变本加厉。这个时候，如果有一个人能够包容他，理解他，那么这个人反而有可能受到感化，良心发现。

佛经里面有这样的故事。有一天，在寺院里面，大家忽然发现一个小偷偷东西，更让大家吃惊的，这个小偷竟然是自己寺院里的一个小和尚，于是大家纷纷表示这个人的行为是无法容忍的，一定要马上开除他，大家纷纷向住持反映这个事情。然而让大家纳闷的是，住持听了并没有采取任何行动，只是一直说知道了，知道了。

这个小偷没想到竟然能够无人追究，于是过了不久，他又开始下手偷东西了。当然他的手法并不巧妙，没过多久大家又发现了，这个时候大家也再也无法容忍了，纷纷吵闹着要住持马上把他赶走。可是这次住持竟然还是不采取任何措施，只是说知道了，知道了。

然而这个小偷并没有因此而受到感化，他竟然又偷东西。于是到了第三次，没有人能够容忍了，大家表示如果再不把这个小偷赶出寺院，就统统离开，不在这里修行了。住持说："你们的心情我了解，可是你们想知道这个小偷为什么要这样做么？你们都是很健全的人，可以通过正当手段生活，可是这个小偷四肢不健全，离开这里根本无法正常生活。其实他第一次偷盗的时候，我就已经知道了，之所以不说出来是给他一个机会而已。我佛慈悲，如果寺院里都无法包容他，那么他又怎能在这个世间生存呢？"这个小偷听了这些话之后，不由得羞愧难当，下决心改变自己，后来成了一代高僧。

许多人对于包容有一种误解，就像上面的故事一样，认为住持不敢与那个小偷正面碰撞，其实这是错误的。包容绝对不是怯懦，在受到别人的伤害的时候不敢反击，而是在自己明明可以反击对方的时候放过对方。当然这不是纵容，而是为了给对方一个悔过自新的机会。如果一味指责，并不能让对方良心发现，洗心革面。所以，在对方犯错的时候如果只是指责并不能从根本上解决问题，反而会刺激对方的报复更加猛烈，而这个时候包容往往会收到奇效。因为对方从心理上彻底完败于你，已经对你深深地折服了，所以自愿改变自己。

现实生活中的你，不要再犹豫不决了，对于一些事情不要再耿耿于怀了，多一些包容吧，它不会对你有任何伤害，你反而会因为包容而拥有得更多。

珍珠的形成也是包容的结果。它的形成过程是这样的，原来有一只河蚌无忧无虑地生活在大海深处，可是有一天忽然有一粒沙子闯进了它的身体，这让它感到非常疼痛。开始的时候河蚌十分想把这个沙子弄出去，不过最后它选择了包容，也才有了珍珠的形成。

这一道理对于我们人同样适用。包容对方，我们刚开始的时候总是会觉得特别不舒服，因为这与我们的本来想法完全相反。然而如果我们能够控制自己的情绪，最终包容一些我们原本不想包容的事情，最终会发现自己受益匪浅啊。

其实人的一生也就好像是放在桌上的一杯水一样。我们每天的遭遇好像每天落在水杯里面的灰尘，我们遇到很多不快，于是杯子里的灰尘越来越多。不过在人们看来，它依然是澄清透明的，似乎没有任何不同，这是为什么呢？这就是因为包容与沉淀的作用。因为虽然每天都有新的灰尘，不过因为水的包容，所有的灰尘都沉淀到了杯子的底下，所以我们看到的还是纯净透明的水。

如果我们没有包容之心，也就好像猛烈摇晃水杯一样，那么我们会发现，整杯水变得非常混浊，根本没有办法喝了。如果能够领悟到这个道理，那么我们的生活将变得轻松，没有什么事能够让我们感到心烦意乱，忐忑不安，我们的生命中永远充满了阳光，我们的心灵永远是一片纯净。

是啊，已经说了这么多了，下面应该去做了吧，没有人喜欢天天听一些大道理吧。美丽的大自然是包容的结果，美妙的人生也包容的结果，如果没有对小河小溪的包容，也就没有浩瀚无垠的汪洋大海；如果没有对狂风暴雨的包容，也就没有潇洒飞翔的海燕！

学会包容吧，这是生活中的真正智慧，这是一个人的高尚品格，学会了这些，你会发现你的生命是那么地多姿多彩，远离了尘嚣与困扰。

5. 该退一步的时候别逞能

俗话说，忍一时风平浪静，退一步海阔天空，确实，人活一世，不如意的时候十之八九。天有不测风云，不可能事事都遂人愿，对于这一切，我们刚开始时可能是一味地抱怨。不过抱怨并不能解决任何问题，我们要学习忍让，这才是真正的智慧。一个人活着总要经历一些世事变迁，在这个过程中，也一定会遇到不开心的事情。对于这些没有必要耿耿于怀，很多时候，事情并没有你想象的那么糟糕，只要你能够忍一忍就过去了，那么也会发现另外一种境界的美妙。

当然这种一时的退让也绝对不是放任自流，不是对于一些事情已经麻木不仁了，而为了顾全大局而忍辱负重，为了将来的爆发而韬光养晦。因为一时的痛快发泄除了能够让你在情绪上得到一种满足以外，根本没有任何实际意义，更不能换来长久的快乐与幸福，甚至对于你的成长也没有任何好处。这个时候只有宽容隐忍才是大智大勇，也是一个人走向成熟的标志。

所谓的忍让绝对不是畏难低头了，也不是因为敌手的强大而无能为力了，而是在必要的时候采取的一种以退为进的战略战术，因为适时的低头可以躲避那些最危险的攻击。

年轻人往往血气方刚，对什么事没有忍让的心理，也不懂得谦虚谨慎，总是认为我行我素才是真个性，然而这种做法往往会吃亏，在这个时候，学会谦虚与忍让才是最要紧的事，也是人能够最终成功的关键。

富兰克林在美国可以说是家喻户晓的人物，他被称为是美国之父，他的成就也是不计其数的。然而就是这样一个人，你也许无法想象，在年轻时曾经是一个冲动的小伙子，说话做事根本没有理性的节制。

有次他去拜访一位老前辈，当然，他还是和平时一样昂首挺胸地向老人的屋子里走过去，认为这才是真正的男子汉。可是没有想到当他进门时，竟然自己的头狠狠地撞在了门楣上，流出了很多鲜血，富兰克林哭笑不得。没想到老前辈竟然对他一直微笑着，并说这正是他期待的结果，最后意味深长地说："年轻人，其实这也是今天我要与你谈的内容，你要记住，无论到什么时候，该低头处且低头，否则，你会头破血流的。"富兰克林听了之后觉得非常有道理，并用这话时时指导自己的人生，从此也走上了成功之路。而后来他觉得自己是领悟了这个道理之后才成长的，于是在他的自传里和他的多次谈话中，不厌其烦地诉说这个事情。

当然，我们中国历史上从来也不缺少这类人物。

当年越王勾践被吴王夫差打败后，被夫差百般羞辱，堂堂一国之君，却不得不忍受别人难以忍受的耻辱。然而就是在这种情况下，勾践仍然没有放弃报仇雪恨的志向，每天卧薪尝胆，经过十年的积累，最终打败了吴王夫差，成为春秋最后一个霸主，也成了忍辱负重的典范人物。

而后来的另外一个英雄项羽却无法做到这些，在与刘邦争雄中，明明还有逃生的机会，却为面子自杀于乌江边，最终只是成就了刘邦的霸业。对于这次自杀，后人评价不一，很多人认为项羽不能做到男子汉大丈夫能屈能伸，不懂得忍让，最终错过了一个卷土重来的机会。

抬头需要实力，低头需要勇气，当你实力不足时，还是低头吧，这不是懦弱，而是大智大勇。因为如果你只在乎一时的面子得失，必然会失去真正的机会，只有愿意做别人认为没有面子的事情，才是有胸怀有勇气。

和项羽同时代的名人还有很多，张良就是非常著名的一个，这个人也是经过一番磨砺才成为大器的。张良是韩国的贵族，当然带有许多贵族的骄傲，虽然很有才能，却一直郁郁不得志，不过他也不知道原因在哪里，只好四处游荡。有一天，他在过桥时忽然遇到一位老人。这个老人一看张良走过来，故意把鞋脱掉，并且吩咐张良给他捡起来，态度也十分傲慢，张良看他是一个老人，心里虽然非常不满，还是忍气吞声地帮他捡了起来。而没想到老人竟然变本加厉，让张良帮他穿上。张良这个时候马上就要发作了，不过他还是忍过去了，最终又帮老人穿上鞋子。这时老人竟然非常满意地笑了，然后给了张良一本兵法，而张良拿了一看如获至宝，仔细研读，最终成了一代名臣。后来刘邦在与项羽的争霸过程中一直处于劣势，一度被韩信咄咄逼人地责难，刘邦忍不住要发作，然而多亏张良的及时提醒，刘邦还是忍了过去，最终称霸天下了。

忍让是成熟的表现，是理性的表现，也是一种生命的韧性。无论遇到什么事，只要还能忍让，也等于说还有机会。因为忍让的另外一面也就是反弹，一时的逞强好胜只会吃亏碰壁，而只有忍辱负重才能最终功成名就。

忍让的内涵其实是非常广泛的，为人处世时，不要咄咄逼人，在别人遇到困境时能够给对方一个台阶下，也是一种大智慧。与人方便，自己方便，你的这种行为也许今天并没有什么良好的结果，不过别人会记在心里，日后会在你意想不到的时候回报你的。所以，你这个时候的小小忍让可以说有无穷无尽的好处了。

忍让也是为了不把精力放在一些鸡毛蒜皮的小事上，从而能够集中精力做一些大事。人的精力都是有限的，一个人要想成功必须把最主要的精力放在对他最有价值事情上来，如果因为一些小事而浪费时间，实在是太不值得了。所以，对于一些语言的偏见，也没有必要据理力争，一定要证明自己是对的，对于对方的误解，也没有必要一定要进行解释，真相早晚会见分晓。学会退让三分，朋友自然会多三分，你忍让越多，你的空间越多，也就会有更多的朋友来接近你。就会发现你在人际交往中左右逢源，在这些人中可能有一些就是能够让你实现人生飞跃的伯乐。

忍一时，退一步，就是教给我们：对生活不苛刻、不刻板、不斤斤计较，多一分忍让就多一分成功的机会。真正的忍让还要求我们能够保持清醒的头脑，不为别人的恶意言论所动，无论对方如何激将，我们的心情永远平和，做自己情绪的主人，这样才能立于不败之地。

6. 小事何必较真

人，对于一些事情没必要那么清楚，也没有必要那么较真，难得糊涂也是一种智慧。什么东西，看得太清楚了，也就没有乐趣了，雾里看花，虽然看不清楚，未必是一件坏事。睁一只眼，闭一只眼，有时活得更加自在。

对于那些生活中的琐事，当然更没有必要耿耿于怀，为了这些小事而斤斤计较不是太没有风度了么，也活得太累了吧。举重若轻才是真正的大智慧和大胆略。过于较真，过于注重细节除了给我们带来一些毫无意义不快和精神上的压力之外，根本没有任何好处。如果天天在小事中纠缠，永远不能感觉到生活的快乐。因此，我们也有必要学习一些糊涂的智慧，恰当地保护自己，同时也找到生命的真正乐趣，这样一来，生活就会变得多姿多彩了，不再那么沉重了。

俗话说，成大事者不拘小节，事实也确实如此。历史上那些叱咤风云的成功之人都有一种宽广豁达的风度，能够高瞻远瞩，高屋建瓴而不会目光短浅。他们只希望能够把握大的原则与方向，而不屑于在一些小事上不斤斤计较、过度纠缠。他们明白提纲挈领，纲举目张的道理，对于原则性与灵活性把握得非常准，所以能够随机应变，最终做成大事。

现实中的较真也无非是对于任何事情一定要争论出一个对与错，这真的没有必要。世上本来不存在绝对的"对"与"错"，一件事情，从这个角度来看也许是对的，不过从另外角度来看也许是错误的。更何况，事物也都是在不断发展变化的，条件变了，对于事物的评价当然也不一样了，任何事物都不是一成不变的。所以，在过去看来是好的事情现在可能是坏的，在过去看来是坏的事情现在可能是好的。这是最朴素的道理，也是宇宙间的真理。了解这个道理之后，对于一些事情就没有必要那么较真了。

如果不能做到这一点，什么事都要较真，那么最终会让自己活得很累，甚至最终伤害到原本和睦的朋友和情侣关系。

婚姻生活中的夫妻两人，关系是非常奇妙的，一方面他们是彼此关系最亲密无间的人，一方面也是最容易产生冲突与矛盾的人。而这也取决于双方的处事态度。其实，每个人都是有缺点的，对于对方身上的缺点，一般来讲，大可睁一只眼闭一只眼，因为两个人以后相处的日子还长，为小事情影响双方的感情显然不值得，包容对方是最重要的。给对方的缺点一些空间，彼此即可相安无事，夫妻关系也可以美满和谐。

不和谐都是人为的，只要包容心够大，根本不会有不和谐的事情存在。然而，如果这个时候有一方是一个非常爱较真的人，那么夫妻关系就很难相处了。因为这个较真的人无论什么事情都要争个谁是谁非，一定要证明自己是对的，对方是错的，这样一来，双方的日子就很难安宁了。

举一个最简单的例子，丈夫因为在外面遇到一些工作上的不顺心的事情，回到家里没有及时和妻子沟通，一个人躲在房间里。而这个时候妻子可能感到自己受到了冷落，心中有气。如果妻子是一个善解人意的聪明人，一定不会大发脾气的，会主动去了解对方的烦恼事，最终原谅丈夫的言行。这样等到丈夫慢慢平静下来后，自然就会意识到自己刚才可能太过分了，于是主动示好，双方的关系更加亲密了一层。然而，如果这个妻子是一个特别较真的人，因为丈夫的言行不妥而一定要让对方当面认错，当然不会有好的结果。因为这已经牵涉到面子问题了，这个时候就算对方心里明明知道是自己的过错也会和你针锋相对，寸步不让的，最终的结果是双方都不想看到的。

这种事情也不一定只会发生的夫妻身上，生活中好多琐事是很难说出谁对谁错的。很多时候，事情本身可以做出多种解释，因为大家看待一个问题的角度不同，当然结论也不同，这是再简单不过的道理。不过还有那么多的人非要争出一个是非输赢，真是太天真了。

在处理朋友之间的关系时，这一道理同样适用。朋友之间的事根本没有必要太较真。既然是朋友，那么对方一定理解你，一起做事不要分得那么清，一起吃饭也不要分得那么清。因为你来我往本来就是一件不需要太过认真的事，吃亏与占便宜根本不是朋友之间应该考虑的事，你吃亏其实就是占便宜，占便宜也就是吃亏，如果分得太清楚，那还有什么意思，还是朋友么？在给予对方之后不要马上就想着得到回报，朋友之间，早晚会有回报的，不过不要汲汲于一时，朋友还会跑得掉么。朋友对于你的帮助当然会放在心里了，他可能口头上不说感谢，那是因为你们之间的关系已经好到一定程度了，已经不需要说那么多的客气话了。如果你还是斤斤计较，期望对方马上回报，在与朋友一起时，只想占便宜，不想吃亏，估计也就很难交到知心朋友了。

一个人有了孩子，更要学会豁达，对于一些事情不再较真，特别是面对孩子的不懂事。因为他们毕竟是孩子，哪里有可能懂得那么多道理，如果什么都懂得了就不是孩子了，一个大人如果与孩子还较真，不是把自己也当作孩子了么？所以，一定不要太较真。孩子就是孩子，思想幼稚才是孩子的本性，异想天开也是孩子的天性。孩子也是有无限可能的，因为他在成长中，孩子么，犯错也是可以理解的，成年人还犯错呢，何况孩子呢？孩子嘛，还是要给他独立成长的空间，树大自然直，一味地给他讲一些大道理有什么用，年龄不够当然不可能真正理解。等到一定年龄，自然会对事情有自己的理解，到时候不用你说，他都知道怎么去做了。孩子嘛，能够过得健康、快乐就足够了，不要过于担心他们的前途问题，儿孙自有儿孙福，应该经历的，他们一定会经历的，你是代替不了的，那么还是放开后让他们去走自己的路吧。这个过程中，他们的成长也才是最快的，并且，等到他们长大之后，也会对你的做法表示感激与理解。

当然，如果你是一个成年人，也要学会不与父母较真。因为父母年龄大了，不可能记性像你那么好，难免会对你唠唠叨叨，然而这不也是为你好么，试想下，你自己也有一天也会老去的。那个时候你的记性也不好了，对于一些事情也可能会喋喋不休，如果这个时候你的孩子流露出非常厌烦的情绪，你会怎么想呢？想到这里，你也大可不必烦恼，对待父母的话语仔细听就是了，千万不要有什么不同意见，顺从就是最大的孝顺。话说回来了，有人唠叨你，证明这个世界上还有那么几个人无论发生什么事都会觉得你是最重要的，会为你而担心，所以你应该觉得幸福才是。毕竟，一些人父母故去，再也听不到这样的唠叨了。

至于和同事之间相处，灵活度更大，因为这是一个双向选择的过程。如果你和他话不投机，那么没有必要浪费彼此的时间了，完全可以换别的同事聊天嘛。以后你和他之间见面，点头微笑打招呼即可，他自然会明白你的意思。

对于别人的话语，你也不能全都较真。人们很多时候是在信口开河，别人的"诺言"可能只是一时心血来潮，如果对方没有遵守，也不要较真，这个世界上本就有许多说话不算数的人，你要是跟他们生气，未免太划不来了。当然还有的时候是因为对方根本没有听懂你的意思，或者没有意识到事情的严重性，只是随口说说罢了，他自己也没有想这样说会有什么结果。对于这些，无论说话人是出于好意还是恶意，你就当从来没有听到过吧，不要让它们影响你的心情。

生活中有很多时候，冲突完全是可以避免的，之所以最终发生完全是因为彼此太较真。其实也无非是一些鸡毛蒜皮的事，没有什么大不了的，对与错真的那么重要么，就算让别人指责自己，就算别人误解了自己，就算别人没有听懂自己的意思，又有什么大不了的呢？事情很快就会过去，而他也会明白最终的真相，所以还是不要去较真，这样矛盾也就不存在了，双方原本紧张的关系也会完全缓和了，甚至以后你们会亲密无间。

　　最终还是那个意思，无论遇到什么事情，无论遇到什么冲突，心平气和才是最重要的，千万不要较真，较真只会让你不再冷静，让你说话做事欠缺考虑，甚至做出一些极端的事情，说出一些过分的话，最终双方互不相让，事情陷入无法解决的僵局。仔细回想一下，事情根本没有这么严重，只不过是一个小小的冲突，只不过是因为一个小小的误会，因过于较真而无限放大，最终严重影响两个人的关系，实在是不值得的。想一下，小孩子较真没什么，而一个成年人也如此显然是十分可笑的，那么还是让我看开一点，别再那么较真了。

　　特别是如果对方已经过于较真的时候，甚至已经说了一些过分的话，或者做出过分的事情，不要和他正面冲突，而是主动让步，想方设法让对方冷静下来，从而息事宁人。这样，在不久之后，他也一定会对你的宽宏大量而肃然起敬，以后你们之间也基本不会再发生什么大的冲突了。

　　可见，凡事较真害人害己，做人还是"难得糊涂"。

第七章
随遇而安，淡定生活

　　生活总是有很多不如意的地方，这是每个人都要遇到的。于是，我们就会抱怨生活，觉得自己过得不快乐。其实使我们不快乐的并不是这些不如意的事情，而是情绪本身。如果我们能够换一个角度来看待生活中的不如意，能够随遇而安，只是把它们当作一个生活的经历，而不对它斤斤计较，那么，就会发现，你的生活会轻松很多。

1. 宠辱不惊，得意淡然、失意坦然

人生的事总有得意与失意，而一个人在不同的环境之下总难免会有失落与兴奋。而这其实就没有做到宠辱不惊，这样的人生还是没有实现的真正的自由，因为总有一些东西能够扰乱你的心神，使你不能宁静。那么，一个人要想活得轻松自在，就一定要战胜外物，自己决定自己的心情，而不是让外在的一些事物影响自己的心情。只有这样，才能够真正享受心灵的宁静。

其实我们不必去抱怨社会多么地不公平，人生多么地坎坷，根本原因还在于自己，试想一下，别人不是和我们一样遭遇到了很多不幸么？那为什么别人能够不受影响，依然心平气和，而我们却心烦意乱，忐忑不安呢？所以，还是要从自己身上找原因，因为社会现实是我们无法改变的，那么我们也只有改变自己才行，要做一个心无杂念、低调单纯的人。这样就算外在世界如何变幻，我们的心灵还是如同一片静谧的森林和一个平静的湖面一样，没有任何喧闹，也不会有浮躁的表现，只有自由自在，无忧无虑的自然舒缓的心境。无论多少风浪，也不能吹进我们的心湖里。反之，如果我们不能做到这一点，那么，将永远无法得到平静。何必有那么多欲望呢，何必一定要苛求自己呢？那只会让自己的心境风雨飘摇，让自己的人生无法通畅。

我们的前辈也早就看透了这一点，因而他们身体力行，实现了个体的真正自由，并且把自己的心得体会整理成文学作品留下给我们观看学习。古人云："宠辱莫惊，闲看庭前花开花落；去留无意，漫随天外云卷云舒。"

是啊，人生总有太多不如意的事，面对这些不如意的事情，一味地发牢骚根本不能解决任何问题，把握自己才是最重要的。其实人生的一切成功与失败，得意与失意也正如花开花落般平常。不过我们自己没有意识到这一点，把成败得失看得太重了，影响到了自己的心情，不能得到片刻的宁静。还有那些幸运与不幸也如同云卷云舒般变幻，而我们对一些事情过于执着，总是喜欢和别人比较，总是希望能够超过别人，不能做到对成败得失无所牵挂，因而整天觉得有无限忧愁。

我们可以看下古今中外那些真正成功的杰出人物，他们也都是能够做到宠辱不惊的。无论别人是欣赏他还是不欣赏他，他们始终知道是活给自己看的，不是活给别人看的，他们也都知道在生命中什么事情才是最重要的。他们也愿意为了这些事情而付出自己的所有精力，而对于一些别的不重要的事情则根本置之不理，当然也不会让那些无聊的事情和评价来影响自己的心情。对于别人的评价，他们的典型作风也是"人誉之一笑，人骂之一笑。"那些东西只是身外之物。别人不能真正地了解自己，自己又何必一定要让别人了解呢？只要能够知道自己究竟在追求什么，哪些对于自己是真正有意义的就行了，其他的一切就不要管那么多了。

在艺术的领域，可以说是人才辈出，山外青山楼外楼，天外有天，人外有人。有的人艺术水平到了一定程度，这个时候会有很多人来恭维，将其奉为大师，这时一定要保持清醒的头脑，知道自己是什么水平，知道自己的差距在哪里，万万不能以大师自居。因为掌声和鲜花固然能够让人们心灵愉快，却也容易使人眩晕，让人迷失了自己，认为自己无所不能，开始自命不凡，刚愎自用，那么从此这个人也无法再取得进步了。

无论做什么工作，都需要保持清醒的头脑，不要因为别人的评论就轻率地肯定或者否定自己。别人的评价只是一种看法而已，不能代表整个社会的综合评价，更何况别人评价时也不一定是按照客观的标准来进行评价的，他们也许只是一时心血来潮，或者只是希望恭维你，让你听了之后心情高兴而已。如果将这样的话信以为真，不是太可笑了么？如果因此沾沾自喜，很快就会落后了，等到最终清醒过来的时候可能已经淘汰出局了。

所以，尽管真正的成功者总是硕果累累，创造出一个又一个辉煌，也一直得到各种荣誉和赞美，他们始终不会因为这些而迷失自己，对于自己的水平也永远不满足，对于那些别人可望而不可即的荣誉光环，当他们得到的时候，既不会得意忘形，从此目空一切，自以为是，也不会从此不再努力，坐吃山空，最终故步自封。而是对这一切只是"一笑了之"，然后很快又投入到了他们的追求之中了。

当然，这其实也是一种人生智慧，"人骂之一笑"，可能刚开始的时候并不是那么容易做到，因为你会觉得非常委屈。觉得自己根本没有得罪任何人，只是尽可能地提高自己的业务水平，也不想攻击任何人，可是还是有人主动来讽刺你，并且那些人可能是你根本不认识的。然而你没有想到的是有的人只是为了显得自己高明，一会说这里不好，一会说那里不好，而你也不必和他们较真。因为他们本来就是吃这一碗饭的，他们是所谓的某个领域的专家学者，而其实你也知道，这个世界上的专家有些是有名无实的，他们只是随便动一下嘴皮子，故意发出一些哗众取宠的评论，来吸引别人的注意，你何必和他们计较呢？做同样的事，就算你能够在与他们之中的一个人对战中获胜，还是会有别的人。并且这个过程你是成就了他们，因为他们本来就是想通过这贬低别人而出名。现在你和他们争论，正是他们求之不得的事情，对于你是毫无意义的。你要做的还是埋头做好你自己。群众的眼睛都是雪亮的。就算你一时没有被人发现，那么多少年之后，你的才华也会被后人发现认可的，一定要相信那句话，酒香不怕巷子深。

而对于这一切，你也应该能够做到"波澜不惊"了。阅历丰富又看惯了人情世故的你如果还是不能看透这一点，还是要加强一下修身养性的功夫。其实就算没有人恶意批评你，外界对你是一片叫好之声，你也要把握住自己。一个人太有成就了，难免会树大招风，有的人说不定对你有什么坏心思呢。再加上众口难调，真相也是很难说清楚的，对于这些你不必过于追求纯净。各人欣赏眼光不同，评价自然也不会相同，你又何必一定要让所有的人都来欣赏你呢？对同一幅艺术作品，有的人会非常喜欢，并且赞不绝口，而有的人则会出言不逊，甚至有可能将其贬得一文不值，这本来就是非常自然的现象。一个人，无论他的艺术才能有多高，也不可能让所有的人都喜欢自己的艺术风格。

有些骂声其实也未尝不是一件好事，因为这样可以让你认清楚这个世界的本来面目，不会再抱有一些不切实际的幻想，同时也可以磨炼你的心灵与意志，让你对于一些不平之事能够心平气和地接受。所以，对于那些不切合实际的评论，只要左耳朵进右耳朵出就行了，一生大笑能几回，何必让他人来决定自己的心情呢？当然，还有的时候，有的人确实是为了你好，不过他们的说话方式不够委婉而已，对此不要满不在乎了。因为"逆耳忠言"，真正的真知灼见往往太刺耳，甚至可能伤到你的自尊心与自信心，你可能根本不愿意听，不过这就是你的巨大损失了。对于那些真正能够给你带来提高的人和他们的言语，要能够全盘接受。

在现实生活中，平淡才是一个人真正成熟的人生态度，淡定也才是一个人真正成熟的处事方式。当然，"宠"或"辱"都是我们经常会遇到的，乃人之常情。只是不要再纠缠不休了。"受宠"时扬扬自得的感觉真的那么难忘么，真的是我们的最终追求么，难道我们终生努力只是为了让别人给我们一些鲜花与掌声，除此之外，再也没有别的了么？而当"受辱"时，那种怒火中烧，痛苦难耐的感觉又能够带来什么呢，打败别人真的那么有成就感么，让别人知道自己不好惹的真的那么重要么，睚眦必报只会灼伤了自己，并且浪费了许多宝贵的时间。那么这一切又是何苦呢，倒不如以平和的心态看淡"宠辱"，就不会产生心理失衡的现象，也不会做出一些愚蠢的举动了。

人生在世，哪个不会遇到一些成败得失呢，所谓人生宠辱是谁都避免不了。"人在江湖，身不由己"，无论是那些已经成功的显赫名人还是还在默默奋斗中的无名小卒，生命历程中也一定会时不时地有毁谤与指责，如果你有一定成就，也一定会有嫉妒接踵而来，和它们太较真有必要么？

屈原，一生追求理想，功德无量，可是还是免不了被攻击、被非议，最终在绝望中死去，那么这个世界上的是非黑白、真假虚实，并非时时事事能说得清道得明。既然如此，又何必一定要表明自己的清白与无辜，那些真正有才能的名人都躲不过此劫，又何况是平凡普通的你我呢？清者自清，浊者自浊，这不是一个八字成语那么简单，而是真正应该拥有的人生态度。

2. 看淡成败，不计较一时的得失

下面这个笑话，估计会让你有所收获。大家都知道明清两代，科举已经深入人心了。那个时候名额有限，八股文又非常难学，然而除了考试做官之外，读书人也根本没有别的出路，于是就有很多人从十几岁一直考到几十岁，甚至年过花甲了。范进中举就是非常生动的一例。下面这个故事说的是有一对父子一起考试，有一次终于考中了，当时父亲正在房里洗澡，这个时候儿子兴高采烈地敲门大叫说："父亲，我考取了！"不过他的父亲却没有任何激动，继续洗澡，还责骂了儿子一句说："慌什么呀，只是考取一个秀才，算得了什么，这样沉不住气，以后考进士还了得么！"儿子这个时候一听，不敢再大声说话了，于是又说："父亲，你也中了！" 老子一下乐得快发疯了，大声对儿子说，"你为什么不先说？"然后急忙冲出来，甚至已经忘了自己没有穿衣服。

这个故事非常可笑，道理也是非常深刻的。面对"宠辱"时，如果是别人，不是我们自己，常常劝说别人要能够顺其自然，平和处之，可是等到自己真正面对的时候，情不自禁地会做出一些不理智的举动来。显然淡定自得的境界不是那么容易达到的，可以说是一种难得的人生境界。然而，正因为难得，我们都要努力去争取。别人做不到的事情，我们做到了，以后的回报也一定会有很多。

人生无常，风云变幻，一切成败得失不可能长久，只是过眼云烟，荣誉只是曾经拥有的一个瞬间，对它过于夸耀，过于留恋都是不可取的。

人生真正要追求的是一种不会被世事搅乱的心境，无论多少风风雨雨都能够保持一份平和宽松的心态。我们要像一个君子一样坦荡荡，而没有必要学小人一样长戚戚。

真正的人生美景，不是上天赐予的，而是我们自己找到的，当然这种美景也只有在平常自然中才能找到。高山之后有流水、春天之后有冬天，成功与失败，幸运与不幸，只不过是轻轻而来，又轻轻而去罢了。世态炎凉的人情百态自古皆然，又何必去看重，乐与怒也不能对它有任何影响，保持一个波澜不惊的心境才能体味真正的人生。

现在，科学技术越来越发达，可是科学家们一样会被人误会，当一百年前有位科学家宣布要用海底电缆把"欧美两个大陆联结起来"的时候，鲜花与掌声铺天盖地而来。可是当出现技术故障的时候，谁又能想象顷刻之间人们的赞辞颂语骤然又变成愤怒的狂涛，这个人被全世界的人指责为科学骗子了。然而即使面对如此困境，这个科学家还是一笑置之，最终在6年之后，实现了那个远大蓝图，这个时候，整个世界为之欢呼。

古人的豁达是我们应该学习的，所以，当我们感到人生受到困扰的时候，不妨读一下范仲淹的《岳阳楼记》：

嗟夫！予尝求古仁人之心，或异二者之为，何哉？不以物喜，不以己悲；居庙堂之高则忧其民；处江湖之远则忧其君。是进亦忧，退亦忧。然则何时而乐耶？其必曰先天下之忧而忧，后天下之乐而乐乎！

宠辱不惊，恬然自得，时时保持愉悦，淡定生活，心平气和，那么一切都不是问题了。

3. 人生多起落，心态要平和

人生多起落，可是我们却不能总做到心态平和，也许只有在真正经历了一些大风大浪的人，才能最终淡然处之，对于成败得失看作没什么大不了。一切都是那么自然，就好像春天花会开，夏天会下雨，秋天会叶落，冬天会下雪一样，只是随意地来、自如地去，对于这一切能够全部接受，没有什么不平。

只有这样，才能更好地面对人生的大起大落。其实起落再平常不过了，你见过永远平静的湖面么，你见过永远静止的大树么，阳光明媚的日子固然很多，风风雨雨不也是自然现象么，有常只是"无常"的另外一种表现。人生的起落本来都是无所谓的，只不过自己看得太重了，以致不能大彻大悟，人世间的烦恼、伤心、悲伤与失落也不过是自然现象，它们应该成为过眼云烟才对，而不是一直在你的生命中发挥不良影响。悠悠岁月，不必活得那么累，能够平平淡淡从从容容地面对一切，才能领悟人生真正的意义。

城市越来越大了，一个人身处闹市，更需要获得心灵的净土，拥有一个怡然心静的独立空间，保持乐观心态，这样才能远离尘嚣，享受闲情逸致。了解大自然的美丽风景与万物生长的超脱绝美，也不用再去寻找什么世外桃源，你的心灵有桃源，在哪里都是桃源。

生活，不只是为了生存，更是为了能够好好地活，活是个非常生动的字，说明人生要有追求，而不是只是为了生存下去，不是只为了赚钱，不是只为了一些名誉与权力，更是为了生动地活着。这就要有一种处世坦然、怡然自乐的人生境界，特别是在面对人世无常，世态炎凉的时候更要始终以一颗平常心去平和处理。这个世界上有形形色色的人，你也有可能上当受骗。那么不必在意，你变得更加聪明了，下次你就不会上当，人生的智慧也就是在教训中成长的。一切云谲波诡刚开始的时候可能让你无法做出正确判断，有一天，你能够对于不论什么事都能保持淡然处之，波澜不惊的心态，无论什么事都不会太过去较真，心静如止水，可以容纳万物，那么你也就能够真正拥有平和与幸福。

　　既然是生活，就免不了总是有一些磕磕绊绊，人与人之间也会发生一些矛盾冲突，不过无论多少冲突，最终还是要见面的，多一个朋友远比多一个对头要好得多。那些能够影响我们心情的起起落落与恩怨情仇，在后人眼里只是幼稚的表现，只有平淡与奋斗才是人生不可或缺的成分。正是这样，我们的人生才会多姿多彩，美不胜收。

　　一切不完美皆因我们太过追求完美，不能以平和的心态来看待，如果你能够坦然面对一切，你会发现这世界中的一切成败得失、挫折坎坷都是理所当然，是一个完全的人生的必要组成部分。没有风雨，哪来彩虹，没有磨炼，哪来成功。

　　过去的一切，那些可能让我们感到无法承受的跌宕正在成为或者已经成为过去，那么对于过去的事情，我们又何必一直耿耿于怀？甚至因此而黯然神伤，那样也太不明智了，只会显得太小气了。去了的不会再回来，已经失去的无法再找回，覆水难收，时间不会再回来，人生也不可能再从头，明天才是我们真正需要关注的。昨天的存在只不过是为了让我们能够从中吸取经验和教训，从而更好地把握今天，更好地实现明天的辉煌与突破。

　　那些曾经的大起大落与悲欢离合是因为我们过于年轻气盛了，太多的冲动与激情反而会让人迷失自己，无法看清周围的一切。成熟是一个过程，需要经过风吹日晒，各种磨练，只有这样才能最终少些躁动，对任何事情经过深思熟虑再行动，而不是只是凭着一时的血气方刚而轻举妄动，不计后果。

　　无奈、不幸、苦难等等，原本只是这个世界的自然状态，当然我们需要追求理想，不过要与现实相结合，这个世界有太多需要我们追求的东西，只有把握住那些真正值得追求的东西。如果总是没有一个确定的方向，整天把自己放入各种没有头绪的忙碌追寻之中，却没有任何收获，于是你又开始埋怨上天，觉得付出没有回报，自暴自弃，不再对生活抱有希望，陷入一种恶性循环中无法自拔。那么造成这一切的根本原因不是别人，也不是上天，是你自己。是你自己太偏执了，欲望太多了，对于一切得失看得太重了，因此不能够保持怡然生活的心情。

　　所以需要放开自己，活得更加轻松一些。你要释放过多的压力，不必那么患得患失，得到与失去本来就是很正常的，其实得到也是失去，失去也是得到，不必为了它们而伤感彷徨。那些给你带来伤害的人，也没有必要去报复他们，因为在人生之中，在悠悠岁月中，只有把握自己才是最重要的。别的人只不过是我们人生中的一个的过客，他们终究会离去，不可能长久地影响到我们。人生也如一个戏剧，导演、编剧、演员都是我们自己，一切发生的剧情都是人生舞台上必然上演的剧目。表演的过程需要投入，过于投入就不明智了，因为这些总是要过去的。所以需要及时地调节心情，一个真正的好演员，要能够随时入戏，当然也要求能够随时出戏，只有这样才能挥洒自如。当然你也不必计较太多，对与错只是角度不同，人们不了解你也是正常的。真正了解一个人本来就不是一件容易的事，也许在你较真的时候，很多事情都已如稍纵即逝的流水，消失得无影无踪了。

惊天动地当然是很多人期待的剧目，不过这样的事情终究少见，就如狂风暴雨很快就会消失一样，微风与阳光才是最多的日子，轰轰烈烈只不过是一时的现象，最终也会在弹指一挥间化为乌有，惊涛骇浪也只是短暂的狂暴，之后终将归于平静。这些也如同人生的大起大落，只不过是一时的情节变化，只有坦然面对一切，才是正确的人生态度。

对于这一点，古人的感觉与境界似乎比我们更加高深。大家都知道，郑板桥是清朝著名的一个画家，许多人可能不知道他也是一个经过了大起大落的人，虽然他的官做得并不大，做官期间经过的人生起伏并不少。当然，对于他这样的一个聪明的人，那些官场上的尔虞我诈根本逃不过他的法眼，不过他始终有自己的人生原则，他不愿意与那些贪官污吏同流合污，只有保持孤芳自赏，这样一来，别人当然也不会给他好脸色。他对于这一切也是心知肚明的，然而始终不愿改变自己的操守。刚开始的时候他也是有一种"愤世嫉俗"的心理，不过时间长了，对于一些现象也就见怪不怪了，当然这也不是一种消极心态，而是一种"难得糊涂"的大智慧。

一些事情，既然你无法改变，你再痛苦又有什么用，至少可以假装糊涂，当然这也不是说你要和他们同流合污了，你要的是能够洁身自好，同时在这个基础上能够明哲保身。因为自己活下去才有希望，飞蛾扑火只是一时的壮丽，根本无济于事的，只有顽强地在正义与黑暗的夹缝里首先保全自己，生存下来，才有机会厚积薄发，最终改变现状。睁一只眼，闭一只眼不是麻木不仁，无动于衷，而是韬光养晦，忍辱负重，这是成功的前奏，这是一切雄心大志最终实现的必要准备。

林则徐的经历更是如此。大家熟知他大多是因为鸦片战争之前的那次大义凛然在虎门销烟的举动，不过可能不知道他后来的境遇。清朝战败之后，不仅签署了丧权辱国的不平等条约，还向洋人保证马上罢免林则徐，于是他在年近花甲之时，竟然被流放到寸草不生的新疆伊犁一带。那个时候，他的人生可以说走向了低谷，根本看到任何前途。昔日声名赫赫的两广总督现在只是孤苦伶仃的老人，他为这个国家献出了一切，却被清朝当作讨好洋人的一个牺牲者。林则徐整个人憔悴不堪，国难当头，他忧国忧民，却报国无门，甚至还要无辜受刑罚。当时林则徐也是不能自已，大病了近半年的时间，后来病虽然好了，可是那个心灵上刻骨铭心的伤口是无法消失了，可贵的是林则徐并没有因此而抱怨、消极、绝望。他还是一如既往地关心国家大事，民间疾苦，并且写出了很多让后人无限缅怀的文章，其中有著名的《观操守》一文，也是他书写的，中间的一些字句直到现在还是流传不断："观操守在利害时，观精力在饥饿时，观度量在喜怒时，观存养在纷华时，观镇定在震惊时。"

当然，你可能要说，因为他是林则徐，所以他也才会有那样的经历，也因为他是林则徐，他才会有那种境界。然而对于我们这些凡夫俗子来说，不必像他那样起落，我们要学的是他的精神，这种精神无论是伟大的人物，还是平凡的人物，同样都是需要的。

4. 悲欢难测，学会平静地接受

幸福是什么，幸福是对明天美好的愿望么？幸福是昨天美好的回忆么？不，这些都不是，幸福不是来日方长，幸福就是现在，幸福就是当下，因为人也是活在当下的，明天可以期待，但明天不一定比今天更加美好，明天说不定会有狂风暴雨，光阴不等人。君不见朝如青丝暮成雪，活在当下，把握现在才是最重要的。对于过去，可以回忆，却不必留恋，因为是非成败转头空，因为生命如大江流水，一去不回，过一时少一时，既然人生苦短，为何还要对于过去纠缠不休，现在才是最应该珍惜的。当然，你可能要说，现在的时光不能让我们感到幸福与快乐，因为有太多的悲欢离合，过去的一切反而是美好的回忆，明天也是可以期待的。因为明天还没有到来，所以无论我们对于明天有如何美好的幻想也是可以原谅的，至少在这之前，明天还是有无限可能的，所以你对于现在不那么珍惜，只想快点过去就算了。

这其实是非常不正确的思想，因为你没有学会顺其自然，你还不能随时地调适自己的情绪。你只是期待"高朋满座"与良辰美景，却不知道早晚有"曲终人散"的时候。你醉心于美丽与快乐，却没有想到这一切早晚会过去。所以，你也不必太过失落，因为这些只是自然现象，社会和人生本来如此，你何必一定要改变它们，为什么要在意它们？你需要的是开阔自己的胸襟，只要有海一样的胸襟，就可以容纳一切不幸与不平，没有什么能够影响大海，也没有什么能够影响你的心情。那么你的日子每天都有鸟语花香，你的生命里充满阳光。

天有不测风云，许多危险是我们无法预料的，许多悲剧也是我们无法阻挡的，要来的迟早要来，该发生的迟早会发生。这一切就如同日出与日落，如同四季变化，如同悲欢离合，顺其自然吧，就你也不能改变这些。

酸甜苦辣才是人生的本来面目，对于成败得失不用逃避，因为任凭我们如何逃避都不能脱身，而且躲避也不是解决问题的最终办法。需要面对的还是需面对，逃避了可能会晚一些面对它们而已。不过这个时候可能事情更加恶化了，在此之前还有改变的可能，现在却是无论如何也改变不了，你可能会非常后悔，可是一切都已经来不及了。天人合一才是我们的最终归宿，学会接受一切，然后你也才有机会改变。

人生道路上，必然会遇到很多人，很多事情，中间肯定有一些人、有一些事是你所不喜欢的，当然也有一些人和一些事情是你所喜欢的。无论喜欢还是不喜欢，你都要接受，都要去面对，它们不会因为你不喜欢就不存在了，你要有一个平和的心态才行。这种心态是非常强大的，遇到不幸与磨难可以坦然面对，遇失败与挫折从不气馁。心灵的平和宁静是最有掌控力的，它让你在鲜花与掌声中不会失常，保持不骄不躁，而即使遭到重大失败，你也不会心灰意冷。无论是美酒鲜花还是狂风暴雨，你一样能够保持坦然与洒脱。

我们虽然知道这个道理，却很难做到，知道是一回事，做到却是另外一回事。痛苦、烦躁、失落、惆怅、失望、悲伤、失败、不幸总是会接踵而来，幸福就这样被埋没了，我们无法享受到生活的乐趣，却只是终日生活在一些阴影里面无法自拔，等到身心负重累垮了才知道自己的举动是多么可笑。我们受到的一切折磨只是自作自受，快乐是我们自己选择的，不快乐也是我们自己选择的。

那些悲欢离合只不过是一些人生必然发生的事情，天下大势，分久必合，合久必分。有的人会坦然处之，对于这一切心平气和，所以他们能够享受幸福的时光，觉得生命无限美好。然而还有一些人无法做到这一点，他们只是感到心烦意乱、忐忑不安、从此患得患失，忧心忡忡，最终郁郁寡欢、觉得人生毫无生趣，终日只是生活在已经无法挽回的回忆不可捉摸的未来里。

想平静下来好好工作，或者是学习一些东西，却总是心猿意马。想从失败中走出去，完成一个新的计划，无奈却总是精神萎靡，斗志全无。于是你可能觉得太闷了，想出去走走，幻想通过这种方式排遣压抑，然而你发现自己根本毫无兴致，对于良辰美景没有了欣赏的欲望。你转而去看电视，去逛公园，可是无论你用什么办法，事情还是老样子。于是，觉得自己无能为力了，最终又开始自暴自弃，沉沦下去，原本幻想的辉煌人生再也没有机会实现了。

人生不过几十年，而通常人生目标的实现是需要一个漫长过程的。这个过程可能需要经过几十年的时间，如果不能把握好自己，把主要精力放在事业上，整日为一些不顺利的事情而伤心烦恼，也就没有为了目标而努力的时间了。人生匆匆，理想还只是空想，没有一点进展，到那个时候已经追悔莫及了。想想这些，为了一些小事而浪费时间不是太不值得了么，有更加有意义的事情等着我们去做呢。

有的时候我们并不失意，不再为一时的失败所困扰。却还是不能把主要精力放在那些最有价值的事情之上，因为这个时候被一些虚幻的东西所迷惑了，整日为了一些权力和地位而处心积虑，还有的时候为了一些没有结果的情感而纠缠不休。其实这些东西根本不是最重要的，就算最后真的得到了也不会让我们的生命更加充实，真正有价值的东西还是事业本身，是在发挥自身优势基础上所创造出来的价值。权力、地位、金钱等东西当然也可以为我们的人生增加一些快乐与幸福的感觉，不过这些只是锦上添花而已，如果为了这些浪费太多时光，是得不偿失。

每个人最终还是要老去的，老了就可能生病，当然对于每个人来说，这是非常不幸的时刻，不过在这样的时刻反而能够显出一个人真正的修养与从容。我们可以看下面这个小故事。说的是有一位老人忽然得知自己患上了绝症，根本不可能治好了，能够活着的时间也只有半年而已。可能别的人听到这个消息会坐立不安，心烦意乱，可是出人意料的是，这个老人得到这个消息之后没有任何不安的表现，心境还是极其平和，他的家人原来准备好好地宽慰他的，可是没有想到他却主动来宽慰家人了。

老人在宽慰过家人之后，做的第一件事就是立下了一个遗嘱，对于自己死之后的一些事情进行了非常明确的安排，也避免了他的子女可能发生的财产纠纷。接下来，老人又开始独自一人外出四处游玩，走了许多风景名胜，这些地方都是他年轻的时候非常想去却没有机会去的地方。在这个过程中，他认识了新朋友，也拍了好多照片，并且在这个过程中，他帮助了好多人走出人生的困境，因为大家都被这个老人乐观的态度感染了。而在半年之后，他从容地准备迎接死神的时候，却没有想到他的身体竟然奇迹般地好了，当时很多医生根本无法相信。后来医生们说，得了这种病，能够康复的概率不到百分之一，需要心情特别平和才行，而绝大部分人根本做到这一点，而这个老人能够在半年的时间里始终心平气和，也是他能够创造出奇迹的根源。

其实，平和不仅是一种心态，也是一味能够治疗百病的良药，很多病人因为平和而渡过难关，而还有一些病人因为无法保持平和而酿成悲惨的结局。三国时的孙策，被称为江东小霸王，战场上所向披靡，可是得病之后不能心平气和，最终在二十多岁时就死去了。而上面那位老人却能够在七十多岁的时候战胜病魔，可见平和的心态的影响是多么巨大。

当然，我们每个人最终还是要死去的，对于这个结果不必过去悲伤，因为这是大自然的结果。其实我们也可以想想，正因为生命的短促才显出了生命的辉煌，如果人人长生不老，那么人们也不会珍惜自己的生命了。这样一来，人类的创造力也会消失，生命将不再那么丰富多彩了。

生命如同一首歌，总有唱完的时候，我们要做的是尽自己最大努力让这首歌谱上美妙的曲子，然后把它演奏出来。这样，等到最终结束的时候，我们才不会遗憾。尽管歌曲结束了，生命也结束了，但是我们美妙的歌声却能够像我们的生命一样余音绕梁，三日不绝，那些活着的人们也会因为这首美妙的歌曲而记得我们曾经活过。

5. 把今天当作最后一天来过

很多时候，缺少幸福感并不是因为我们没有得到，而是因为不会珍惜，不会享受现在的一切，不能把今天当作生命的最后一天来对待。每个人都会遭遇不幸的，做官的人可能会觉得仕途坎坷，经商的人可能会觉得商场危险，职场的人可能会觉得职场不顺，老师可能觉得学生不听话，而谈恋爱时你也会遇到情场失意的时候。这些又有什么不可以接受的呢，又有什么要紧的呢，真正要紧的是你要能够过好每一天，特别是珍惜今天，人是活在当下的。也因为昨天不可追回，没有必要再为昨天的不幸而伤感。如果我们只是因为错过月亮而流泪，那么也将要错过繁星了。

活着本身就是一种幸运。想想有的人因为一次意外的车祸或疾病而死去，而你还好好地活在这个世界上，不是一种幸运么。再看看自己周围的一切，没有什么不完美的，你有疼爱你的父母，你有一个知心的伴侣，你有一个聪明可爱的孩子，你有随时能够帮助你的朋友，你也有非常稳定的工作，你还有舒适的房子。在那个房间里，你可以一个人打开电脑浏览网页，你也可以看看电视有什么好看的节目，你还可以一个人静静地看书，你也可以自由地呼吸新鲜的空气，你还可以到公园游荡，你可以出去登山。总之，生活是无限美好的，只是你对于自己要求过高了。今天也是非常幸福的，只不过你没有珍惜它，没有真切地感受到它的美妙。

今天是最重要的，不要再犹豫不决了。大胆去奋斗吧，就像你从来没有失败过一样。大胆去爱你所爱的人吧，就像你从来没有在爱情上受过伤一样。大胆地唱歌吧，就像是有很多人聆听一样。大胆地生活吧，就像今天是你人生的最后一天一样。

为什么我们不能把握今天的快乐呢，因为我们总是把希望放在明天，或者只是消极地回忆昨天，而对于今天则不够珍惜。以为今天过去，明天就会来临了，什么愿望可以等到明天再去实现，工作也可以等到明天再做，情人可以等到明天再追求。在这种思想下，我们最终无法把握今天，最终也无法得到幸福。

把自己的每一天，特别是今天当作生命的最后一天来过，才能感到幸福不再遥远。才会觉得今天的每一分、每一秒都是那么有意义，才会觉得今天你身边的每一个人都是那样重要，才会觉得任何微小的感情都是那样宝贵的。

也许你到现在还记得那个曾经风靡一时的美国影片《泰坦尼克号》，你也一定非常羡慕男女主人公之间的爱情。相信你也会记得男主人公曾经对于女主人公说过这么一句话，也是他最终能够打动女主人公的话："享受并珍惜每一天，才能获得真正的幸福！"是的，也就是这句话真正地让那个女主人公爱上了他。当时男主人公非常贫穷，不过他却有自己的艺术追求，更有魅力的是他有一个的乐观的心态，他会珍惜自己生命中的每一天，尽管他一无所有。而女主人公出身非常高贵，不过却感到非常不快乐，因为她非常不喜欢自己的未婚夫，而自己也无法改变这个结局。她非常伤心，甚至想要跳水自杀。不过幸好男主人公及时出现，并最终救了她，而男主人公身上的乐观与艺术才华也让女主人公深深迷恋，二人很快坠入爱河，上演了一幕感人至深的爱情。最终虽然男主人公死了，不过他的乐观精神永远激励了女主人公坚强地活下去。

当然，电影里的故事有过多的传奇性，我们生活中很少发生这种事情，不过我们也会遇到性质类似的事情。生活失意时，也有必要向电影里的男主人公学习。

让我们来看一下这个发生在我们周围的小故事：

有这样一个女人，她因为一点儿琐事跟丈夫发生口角，一气之下独自跑出来邀请了几个要好的女朋友一起出去逛街。而一个朋友突然心脏病猝发而晕倒了，大家赶快把她送到医院。到了医院之后，医生对她们说，幸亏你们来得及时，如果再晚来一步，你们朋友就要没命了。而当时这个女人看到急救室里病人非常多，他们的家人都在外面焦急地等待着。这个女人忽然觉得生命实在太可贵了，而自己能够好好地活在这个世界上真的是一种幸运，自己应该珍惜。可是自己非但没有珍惜这一切，反而因为一件小事而赌气逃跑，实在是太不应该了。想到这里，她立刻打开之前因为赌气关着的手机。这个时候，发现手机里竟然储存了20多条短信，全部是她的丈夫发来的，可以想象他是多么着急。她感动得泪流满面，马上回家了，从此之后再也不和自己的丈夫吵闹了。

生命真的很短促，不过两万多个日子，所以，我们一定要珍惜现在的一切。

不要把生活寄托给明天。现在才是关键，不要再犹豫不决。没有所谓最特别的日子，如果真的有一个非常特别的日子，那么今天也就是那个"特别的日子"。所以，有什么想法现在就去实现吧，有什么爱意现在就去表达吧，如果在等待中蹉跎了岁月，只是苦了自己而已。

珍惜今天吧，让一切诸如明天、将来、以后、今后的字眼统统让位于今天吧！如果有什么想做的事情，你现在就去做，有什么想听的歌曲，现在就去听，有什么想看的电影，现在就去看，有什么想玩的游戏，现在就去玩吧！

世事无常，我们永远不知道明天会发生什么事情，也许明天并没有阳光明媚，而是狂风暴雨。所以我们要做的还是要好好珍惜今天，珍惜身边的每一个人。每周给父母打个电话，每天给孩子讲个故事，晚上回家和心爱的人一起做家务，定期和朋友聚会。

把今天当作最后一天来珍惜吧，今天就是最好的日子，今天的一切最宝贵，这样我们才可能拥有幸福的人生。

6. 现在拥有的就是最好的

人，也许是这个世界上最不知足的动物，无论他们已经得到了多少东西，对于现实总是还不满足，总是希望能够得到更多的东西。其实很多时候这也是很愚蠢的，总是喜欢舍近求远，对于身边的美丽风景不能欣赏，以为远处的景色是最美的。对于自己的生活不满意，总是认为别人比自己过得好！而人最大的毛病就是不懂得珍惜眼前所拥有的一切，一双眼睛虽然那么有神，却不知道关注那些最值得关注的东西，而是把注意力集中在那些难以得到的，甚至根本无法得到的东西上。

对于幸福也常是索求无度，幸福明明近在眼前，却往往忽略并厌倦了那些近在眼前的事物，觉得对于它们太过熟悉了，完全没有任何神秘感可言，而对它的美也是熟视无睹。对于已经拥有的一切总是不满意，总是没有幸福的感觉。其实，幸福换一个角度思考就能得到了，不过有些人却不懂得这么做。对于眼前一切美好的事物和重要的人都不好好珍惜，等到失去之后再去后悔，再去发现自己多么愚蠢。而这个时候一切已经无法挽回了，只能在无尽的遗憾里叹息不已。

人天生都是爱做梦的，这也不是一件坏事，至少可以在这个世界上给予我们一些希望，让我们对于现实不再感到悲观。不过，一个人如果总是喜欢做白日梦的话，意味着他总是活在一个想入非非的世界里。每天，他不是马上去努力工作，而是为自己虚构一些莫须有的玄幻的美丽情节，然后整天沉浸在里面。而他也不懂得，成功和幸福最终是要靠自己主动出击才能得来的，甚至需要耗尽一生的经历去追求，才有可能得到。然而，他的精力只是用在了白日做梦上面，最终虽然也是劳了神，伤了心，却一无所获。他们不知道，眼前的风景才是最值得珍惜的，要想得到那些难以等到的东西，必须首先学会珍惜眼前的东西。一个人只有握紧已经拥有的，才不会对未来抱很多不切实际的幻想。这样他在制定一个目标的时候更加合理准确，并且不会伤害到自己已经拥有的东西。

有一个人忙碌了一生却一无所成，他在临死前感到非常不甘心，就问上帝："我这一生都在忙碌之中度过，甚至还得了一身病，不过最终还是一无所成，你看我现在一贫如洗，没有任何金钱可以留给我的后辈，这究竟是为什么呢，难道我这一生真的只不过是徒劳虚度？"

上帝听了，只是微笑着说："其实，不必那么悲观，你没有你想象的那么失败。现在如果我用万贯家财和你交换你的儿女妻子，这样你愿意吗？"

这个人听了之后恍然大悟，也非常释然地笑了，他知道自己已经拥有了最宝贵的东西。他也明白自己一生虽然没有重大成就，不过能够快快乐乐地和家人生活在一起，并能够保证他们的正常生活，可以说已经非常成功了。于是他最后一眼望了望在他面前低泣的家人，然后非常平静地闭上了自己的双眼。

上面这个故事里的人在自己临死的时候最终懂得了生命中什么是宝贵的，他也知道自己的一生并没有虚度。所以他是在满足与平静中死去的，对于人生没有任何遗憾。其实我们每个人的人生也就是如此，没有大风大浪，也没有轰轰烈烈，只是过着平凡普通的日子，不过这并非意味着我们没有得到真正的幸福，家人的和睦，就是一个人最大的幸福。自己已经拥有的一切也是最宝贵的东西。

认为那些没有得到的东西才是最好的。或者已经失去的东西才是最好的，其实这是一种心理偏见。人们总是喜欢对于现实视而不见，反而习惯性地沉醉在一种虚无的幻想之中，幻想未来是如何如何美好，幻想过去是如何如何美好。于是这样比较起来，总是觉得现在不好。而如果能够从这个梦里醒过来，我们就会发现，其实眼前的才是最好的。

我们再来看一下发生在身边的这样一个小故事。在一家公司里，有一个老工人马上就要退休了。这个时候有好几个小青年觉得非常羡慕，就围过来问他打算退休了去做什么？这个老工人美滋滋地对他们说：太多了。至少不用工作了。那么每天我可以不用起早了，想睡到什么时候就睡到什么时候。醒来之后也有大把的时间，不过与之前不同的是，这些时间完全是由我自己支配。没有任何领导再指派我去做一些我根本不想做的事情了。我想干什么就干什么，不想干什么就不干什么。就算一整天只是坐在家里发呆，看一些无聊的电视剧，也没有人来干涉我。如果在家里觉得闷了就出去旅游，或者找朋友一起去逛街购物也行啊。总之，每天无忧无虑，过着像神仙一样的日子。说得几个小青年一个个露出无比羡慕的神色，真恨不得自己也能够马上退休。

不过这时候老工人一本正经地问他们："其实你们也不用羡慕我，我还羡慕你们呢。你们那么年轻，有什么梦想都可以实现。而我只能一天天地等待死亡的来临。如果现在我们换一换，真的是你们替我来退休，不过你们要像我一样老，那么你们还肯不肯？"

小青年们听到这话呆了一呆，最后异口同声地说："那还是不要吧，至少我现在还不想老，我宁可继续上班，也不要变得像你那么老。"老人听了之后立马笑了。

其实，现实中的人们也常常是这种状态：在年轻时不好好工作，而是想着等到自己退休之后如何如何轻松，而等到自己真正的该退休了，又觉得很心里失落，甚至会不愿意离开。

大部分时候我们都有这种心态，总觉得别人的生活过得比我们好，只是看到别人好的一面，而不知道他们另外一面也非常烦恼。我们也习惯于用自己不好的一面与别人好的一面相比，于是这种心理反差就更加明显。觉得别人有的东西，而我们自己没有的东西才是最珍贵的。其实不然，别人在得到一件东西的时候其实也是以失去另外一件宝贵的东西为代价的。就像那个公司里的老工人一样，他虽然得到了退休的安闲生活，不过却是以失去了整个青春为代价的。而我们自己不也不必去羡慕别人身上的东西，好好地去珍惜自己现在所拥有的一切东西才是最好的选择。

　　在人生前行的道路上，我们要学会主动出击，而不要被动等待最好的机会，也不要相信运气，现在的机会就是最好的，现在行动就是最有利的。不要徒劳等待那个虚无的机会的来临。因为你总是喜欢发现那些机会中不好的一面，从而轻易地放弃本来绝佳的机会。所以，你要赶快行动，行动可以使得机会提前到来。如果眼前有一个差不多的机会，那么想办法使自己相信眼前遇到的就机会就是最好的，确定了之后，就不要再犹豫了，马上行动，就算争取不到也不要后悔。因为你已经努力过了，是没有任何遗憾的。而如果你没有这种魄力，只是为一次次的幻想等待更加合适的机会，对于已经拥有的机会总是不知足，等你最终走完了整个人生才发现最好的已经错过，那时再怎么悔恨也没有用了。

　　人生，确实如同一次漫长的旅行。不过这个旅行不是为了到达一个美丽的地方，而是为了能够在整个旅途中欣赏各种风景。人生的旅途是无法回头的，旅途中的风景与岁月一旦错过也不可能再回来，所以我们应该珍惜眼前的风景，享受刚出生时的被别人照顾的日子，也珍惜自己长大之后美丽的青葱岁月，还要让自己在成年之后有压力的生活中享受幸福，学会采撷生活中每一个温暖的瞬间，学会欣赏身边发生的一切事情，关心身边的每一个人，而不要一心只是想着那个遥远的地方，眼前的风景其实才是最美丽的。

　　小时候，我们总是喜欢幻想，山那边是什么。等到登上山后，才发现山那边其实还是山。沙漠尽头是另外一个沙漠。其实人生也是一样，我们总是觉得远处的风景比现在的美丽，可是等到过去之后才发现远处的风景并不比这边的好，远处的水也没有这边的清澈，远处的森林没有这边的茂密。甚至远处还有无限的风险，谁也无法保证远处的深山中没有吃人猛虎怪兽，远处的森林中没有致人死命的毒蛇毒虫，甚至不知道远处会不会突然发生火山地震。

　　是啊，我们总是对远方有太多不切实际的幻想了。其实眼前的一切才是最值得珍惜的，而对于现在的忧愁和烦恼，我们也要能够用一个乐观的心态克服，日子是用来享受的，而不是用来发愁的。

　　你现在拥有的就是人生最美的风景和最好的日子。不要再幻想什么遥远的地方和美好的未来了，学会珍惜眼前的一切吧。

7. 尘世喧嚣，淡定处之

"结庐在人境，而无车马喧，问君何能尔，心远地自偏。"这是陶渊明的著名诗句，也是他一生的写照。后来的人也许能够欣赏陶渊明诗的意境，却不能亲身体味到这种意境，因为我们无法在喧嚣的尘世中保持宁静，不能做到"以淡化强，以静制动"，最终还是迷失在生活的困境之中，无法保持淡定。

淡定，是陶渊明最大的人生智慧，也是他的一种超然的人生境界，所以我们才能够从他的诗里面读到一种别样的风味。想象一下，当年陶渊明也和我们一样，同学少年，风华正茂，也幻想有一天能够指点江山，济世安邦，可是现实打碎了陶渊明天真的理想。而对贪官酷吏，是洁身自好的陶渊明无法忍受的，他虽然无法改变这一切，然而他却可以选择放弃，于是他就以一种冷眼旁观的态度置身事外，而不与那些贪官污吏同流合污。虽然自己的生活过得清苦了一些，却能够活得自由自在。正如他所说的那样，"衣沾不足惜，但使愿无违。"他的这种人生态度也成了历代知识分子在人生失意时的精神归宿，成了一种波澜不惊，乐观豁达的人生境界的榜样。

当然，对于以前纷纷扰扰的经历，我们也没有必要去后悔，所有的经历都不会被浪费，都是人生的必要组成部分。可能一些经历在我们看来是可笑的，我们会想象自己当初为什么那么幼稚，然而没有这些就没有成熟，每个人都是一步一步走向成熟的。所以，对于自己的失败，对于自己以前那些稚嫩的表现，不妨作为一个有意思的回忆贮藏起来，等到年老时回想一下，也是有很大乐趣的。

既然命运无法摆脱，一些事情是必然要经过的，何不对它们保持一种淡定。三分天注定，七分靠打拼，谋事在人，成事在天，我们要做的是只要尽自己最大努力，至于最终能不能够成功，也不是我们完全能决定的，因为任何成功都要有一定运气成分在里面的。运气的到来是无法把握的，不过有一点可以肯定，如果你的实力没有达到的话，再好的运气到来了，也无法把握住。实力是成功的基础，只有自己实力到了，才有可能把握运气，即使这个时候没有运气，也没有必要气馁，因为运气早晚会来的。问题是我们的实力一定要达到。所以，我们还是要把自己的主要精力放在提高自己的实力上，对于暂时的没有运气一笑置之吧。

其实，不仅好运气无法把握，坏运气也是无法把握的，不知道什么时候，你会突然遭遇不幸，这个时候，是否能以淡定的心态去面对，也体现出你的人生境界。

我们也许听到过这样的故事，有一些人在面对突如其来的无法解决的困境时，会因为太过忧愁而一夜白发。李白也在诗中写过"白发三千丈，缘愁似个长。"当然这是一种夸张的修辞手法，不过现实中确有一些人在面对困境时心力交瘁，积劳成疾。诸葛亮就是一个例子，他在刘备死了之后更加感到身上责任的重大，于是呕心沥血地工作，最终死在了战场上。我们后人也都觉得这是一种忧国忧民的高深品格，可是付出这么大的代价，也未免太残酷了，很多时候我们是需要举重若轻的。

当压力排山倒海般侵袭而来时，一些人会因为无法承受这种压力而坐立不安，还有一些人会由于责任重大而拼命工作，最终累垮了自己，其实这两个做法都是不可取的。我们首先要做的是保持一份安静、淡定的心境，因为在这种心境下才能做出最准确的判断，一切不平静的情绪只会让事情更加糟糕。很多身体的疾病也不是什么大病，或是由于自己心情不好而造成的，很多疾病的痊愈也离不开心情好转的作用。这个时候如果不能保持良好的心情，即使再多的补品、再多的营养品也无济于事，而如果能够保持好的心情，补品也能更好起作用。

我们感到焦虑，是因为想得太多了，难道现实中真的有那么事情让我们感到焦虑么，仔细想一下，很多时候只不过是庸人自扰，杞人忧天。车到山前必有路，在还没有到达山前的时候就开始忧心忡忡，有必要么，还是保持一种清醒的头脑和淡定的心态吧，事情没有你想象的那么糟糕，这个世界上也没有任何事情是解决不了的。

生活总是充满的意外，我们可以看到，本来在一个艳阳天里，大伙开开心心地走着，有可能忽然下起雨来。这个时候抱怨天气预报不准是没有用的，因为就算最精确的科学预测也有误差。已经下雨了，你已经淋湿了，还不如放下抱怨，欣赏雨中的风景呢，毕竟，这样的日子并不是很多。对于我们的眼睛，并不是缺少美，而是缺少美的发现。面对已经发生的事情，有时不是局面太糟糕了，而是我们的心态太糟糕了。

不要总是感叹自己没有幸福，其实幸福就在身边，只是我们心情太容易受外物所影响了，无法保持淡定。幸福不是身外之物能够给我们的，很大程度上取决于自己的心理状态，只要自己告诉自己是生活的幸福之中的，那么我们也就真的是生活的幸福之中了。为了一时的失败而躁动不安，为了名利而让自己无法正常睡眠，为了金钱而整日奔波劳碌，最终失去了原本幸福的感觉，值得么，太不值得了吧。

当然，平和与淡定，并不意味着没有追求了，放弃理想了，恰恰相反，这种心态正是为了实现自己心中的远大理想，也是一种实现它们的最快捷的方式。因为平和与淡定是一种饱经风霜之后的真正智慧，是一个人在狂风暴雨洗礼之后的升华。他已经不是一个初出茅庐的青年了，他已经明白，任何远大的理想都不是那么容易实现的，这个过程中的挫折与失败将是不计其数的。而如果对于这些不能保持平和与淡定，不能心平气和地接受它们的话，理想也没有最终实现的可能了，因为过于急躁的心态已经把我们自己扼杀在半路了。

淡定是在保有明确人生目标前提下的坦然，是已经知道了前途多么坎坷后坚强的选择，是对于困难与挫折有充分估计之后的顽强心态，是对于自己的目标不懈努力的一种承诺。并且，这个时候，我们能够承受那些可能出现的倒退与磨难，对于进步缓慢也不觉得难以忍受，当然，也不会再被名利所羁绊。我们活得更加轻松而自信，我们不需要别人给我们放假， 我们随时可以给自己的心灵放个假。只有这些才是一个人真正能够成事的一种沉着与气魄。

淡定是自信而平和的人生境界，是对于困境的解脱与嘲弄，是对于痛苦与失败的藐视，是理性的一种形式，一切在我掌握之中，没有什么能够让我心中起波澜，也没有什么能够乱了我的方寸，除非我自己要改变轨道，不然没有什么外力能够阻止我走向成功。

淡定，就像天空中的白云一样自由自在地飘来飘去；淡定，就是山涧中的小溪流一边流动一边唱着欢快的歌曲；淡定，也许是早晨的朝霞，虽然美丽萧瑟轻盈却不那么狂野，让人感到可以亲近，也恰似晚上那些随处可见的袅袅炊烟，隔江十里还是那样清纯飘逸。每次看到，都会有不一样的感觉。

真正的淡定是一种非常难能可贵的精神追求，在这种生活方式和精神状态之下，一切尘世间的风起云涌平淡如一片树叶，江湖上的风波也不过是浊酒相逢的谈笑。

淡定了，你也就不再迷惘了，因为淡定已经使你站在人生的最高山峰上了，那些生命中的浮动只在你的脚下，根本无法阻断你的视野了。

第八章
做人拿得起，遇事放得下

拿得起，放得下，才是一种真正的人生智慧，也是一种豁达大度的风范。人的一生，总是有很多失败，也有很多无奈。有很多东西，我们不愿意放弃，却常常非放弃不可；不想接受，却不得不面对。

1. 别太在意面子，争面子别过分

人是为了什么而活着，你可能要说是为了实现理想，而进一步再问，为什么要实现理想呢，你可能会说，这样别人会对我们刮目相看了。确实，有时候人们之所以会奋斗，不过是为了让别人刮目相看，或者说，也就是为了个面子而已。面子当然重要，是一个人自尊心的体现方式，如果一个人不给别人面子，这个人将寸步难行，一个人能够顽强奋斗可能也只是为了一个面子。这样看来，面子似乎是一个好东西，因为它可以成为一个人不懈奋斗的动力。不过任何事物都是两面性的，如果过分注重面子，也不会有好的结果。

在现实生活中，一个人之所以随时注意自己的言行举止，也是为了不伤害别人的面子，当然也有可能是为了自己的面子，留意自己虚弱的一面。我们在说话中当然也需要适当顾及别人的面子，尽量考虑到别人的感受，不说出一些让别人不高兴的话。尽可能地说一些自己擅长的话题，这样才有话说，也才能让别人知道我们的才能。如果为了面子不懂装懂，可以说是自欺欺人了。对于别人的语言挑衅，我们也要能够灵活反应，如果不及时回击，对方可能更加嚣张，生活中本来就有一些人飞扬跋扈，喜欢颐指气使。对于这种人，是没有必要忍让的，忍让只会让他们觉得我们软弱可欺，只有及时做出最有利的回击才是有效的处理方式。

大家知道，戴尔·卡耐基是美国的成功学大师。他的一些著作至今还长销不衰，很多人就是是因为读了他的著作才能够找回自己的信心，从而重新唤起了即将消失的斗志，最终走向了成功。而他的著作《人性的弱点》也成为很多人的必备读物。在长期的经历和思考中，卡耐基的智慧和反应能力也是惊人的，而这种智慧也帮助他巧妙地化解了发生在交际过程的种种尴尬。

卡耐基因为工作需要居住在华盛顿市的中心地带，这里环境非常好，不过各种规定也非常多，让个性自由的他非常不适应。有一天，他和平常一样，带着他的小狗到附近的公园里去散步。当时华盛顿的法律要求如果一个人带宠物外出，必须给他的宠物拴上皮带、同时戴口罩，这是为了公共安全，也是为了保持城市形象。不过卡耐基一向对这些规定不太在意，并且当他来到公园的时候，发现附近根本没人，于是他把狗身上的口套和皮带全部摘下来了，然后带着狗四处散步。

他不是第一次这样做了，在此之前，他的运气一向很好，从来没有被发现过。可是他的好运气还是到头了，他没有想到的是这次竟遇到了一位正好过来巡逻的警察，警察非常生气地对他说："你没有给这条狗拴皮带，也没有给它戴口套，就让它在这儿乱跑，这是什么意思？难道你不知道这是违法的吗？"然后就准备罚款处理。这个时候，卡耐基灵机一动，想到了一个非常好的解释方式："不，我知道，但我想它不至于在这儿做出什么坏事来。"警察决定放过他这一次，不过为了防止他日后再犯同样的错误，对他说："这次我放过你，不过你要明白法律不管你是怎么想的！这狗可能随时咬死松鼠，咬伤小孩，这一回我先放了你，要是再让我看到这狗不拴带子不戴口套，那你可得自己去对法官说清楚。"

自此以后，卡耐基也变得非常听话了，无论哪次是带狗出来散步，都是完全按照法律行事。不过日子久了，卡耐基再也没有见过那个警察，也没有任何别的警察来管理这件事情。终于有一天，卡耐基再次偷懒了，因为这么多天都过去了，竟然没有一个人来发现他的遵纪守法的良好举动，他当然也不相信只要自己一不守法，就会有人发现他。

然而事情却让卡耐基哭笑不得，他还没有走出多远，就有人发现他了，而且这次发现他的竟然还是原来那个警察。卡耐基觉得自己运气糟透了，可是情况还是要处理的。当然，他的说话也非常谦和有礼："警官先生，你好。这回您又当场逮住了我。我实在罪有应得！这回我不会找任何借口，因为前不久您警告过我，刚教育过我不久，我实在又给您添麻烦了！"

这个警察一看是他，本来非常生气，因为已经放过他一次了，而这个家伙当初也是答应得好好的，没想到竟然知错不改。他正准备严厉的惩罚一下对方的时候，没想到对方却主动开口数落自己，这让他也不好意思再斥责对方了，于是说："哦，我知道，在周围没人的时候让狗在这儿自由自在地奔跑是一件很惬意的事。"

"是啊，的确是惬意，但这毕竟是违法的。"卡耐基对自己不依不饶。

"啊，这样一条小狗是不会伤害人的。"

"不，它会咬死小松鼠的。"。

卡耐基在这个例子中运用的语言技巧是我们应该学习的，同时他也是巧妙地利用了一个人性的弱点。当人们发现一件让他们非常生气的事情时，第一反应是大声地斥责这个人，可是如果这个人能够反省自己，主动把那些他要说的斥责的话说出来，对方就不好意思再纠缠不休了。当然这也需要认错者牺牲自己的面子。如果不能突破自己的面子观，在明知道自己错误的情况下还依旧不肯放下面子主动认错，找一些似是而非的理由文过饰非，那么其结局只能激怒了对方，自己也将受到更加严厉的惩罚。

鼓励别人其实也是给别人面子，我们也知道，个人的力量都是十分有限的，一个人要想成功离不开别人的鼓励。在困难时，我们也要主动向朋友求助，千万不要因为面子问题而什么事都一个人承担，等到承受不起的时候，你会崩溃的。失败没有什么大不了，向自己的朋友说出自己的失败，对方会觉得你连这种事都告诉他，是亲密的表示，也是对他的一种信任。而这个时候他一定会鼓励你的，并且给你一些非常及时的帮助，那样你就可以度过艰难时期，同时你们之间的感情也更加近了一层。

要正视困境，需要一个人突破自己的面子观。否则只能是死要面子活受罪，表面风光，背地里哭泣，这是何苦呢。

特别是在一些非常贫困的农村里，为了所谓的面子，为了让村里的人能够看得起自己，对于一些婚丧嫁娶的事情，无论自己经济条件多么差，都要风光地操办一番。有的时候明明没有钱，只得借钱，最终欠下很多债，然而，对于这种事情，大家却见怪不怪了，觉得应该如此，于是这样一个非常不好的风俗也就流传下来了。

而在城市里，也有很多类似的事情发生。有的家庭没有相应的财力，可是能够让自己的子女和别的孩子一样读"贵族学校"，一家人省吃俭用积攒学费和生活费，而孩子最终上了"贵族学校"之后发现除了花钱比较多之外，没有更多收获。还有的家庭看到别的孩子出国留学，也让自己的孩子出国。其实国外的学校不一定比中国的好，再加上很多孩子出国时年龄还小，不能适应国外的环境，也并不懂得父母的良苦用心，不能珍惜来之不易的学习机会，反而因为没有父母在身边管束而开始自我放纵，最终花了很多钱，却没有成才。

有时，造成这一切的罪魁祸首还是因为面子问题，人活着不能没有面子，但人不能只是为了面子而活着，适时适地地放下面子吧，也许你的人生将从此得到解脱，你会发现生活真正的乐趣。

2. 忘掉自己曾经的风光

一个人，可能会有一段时期非常风光的，而人们通常也乐意谈起这个时期。虽然过去的已经成为历史，然而每当周围的人露出一种羡慕的目光的时候，他还是非常得意的。不过的人生最重要的是把握现在，过去辉煌可以谈论，也可以回忆，但对于这些不可整日陶醉，那样我们就没有时间去面对现实了。曾经的辉煌已经是过去，我们如果要重现昔日的辉煌，那么必须首先学会忘记过去，立足于现实。

近代俄国，出现了很多伟大的文学家，其中克雷洛夫就是非常著名的一位，他的寓言发人深省，有人说他是俄国历史上最杰出的寓言作家。不过他的早年非常不幸，他的出身非常贫寒，父母不能供他正常上学，他也曾经非常自卑，他曾经因为不识字而让很多人嘲笑。不过他并没有因此而气馁，在每天的辛苦工作之后，一个人默默地开始学习，最后凭着自己锲而不舍的精神成为一代文豪，创作出优秀的文学著作。一百多年过去了，这些寓言还在人们之间不断流传着，并且有越来越多的人喜欢。

下面的寓言就是其中著名的篇目之一。

从前，有一个农村人赶着一大群鸡准备到城里出售。可是在他去往城里的路上，他的鸡却向一个过路人没完没了地抱怨起来："真倒霉，天下的鸡有我们这样遭殃的吗？怎么会有人让我们承受这种待遇呢？竟然连走路也不让我们舒舒服服地走，他一路上不让我们吃东西，还一直催着、逼着，我们走得稍微慢一会就抽打我们，把我们当作普普通通的鸡一样对待。这实在是太不公平了。亲爱的过客，我们可以证明，我们绝对不是普普通通的鸡，事实上，我们的出身非常高贵。你应该听说过那个传说吧，两千多年前，有一群鸡曾经拯救罗马城，而我们就是那些鸡的后代。真的是这样，我们每一代都有特殊标记，不信的话你可以过来检查我们的右腿，我们的种族标记就在这里。看哪，非常明显，可恶的主人，那个家伙竟然视而不见。"

"好吧，我相信你们，可是我想知道你们还有别的高贵的地方吗？"这个过路人问道，"我的意思是说，如果不说那些辉煌的过去，就现在来讲，你们身上有什么与众不同的地方呢？或者说有什么突出的才能和重大的成就。"

"当然有了，我不是说过了么，我们的祖先——"

"是啊，是啊，我知道那个事情，你们的祖先确实非常伟大，我在书上读到过，我知道，他们拯救了罗马，可是现在的问题是我需要了解，你们自己本身，也就是除了那个显赫的出身之外还有什么了不起的地方呢？"

"有啊，你不是已经知道了么，我们的祖先在罗马的作为，我们是他们的后代，这是没有任何疑问的——"

"哦，你大概没有听懂我的意思，我的意思是你们，我是说你们自己，让我换一个说法，如果没有那些祖先的事情，你们自己身上还有些什么可以自豪的事情？"

"哦，没有了，不过既然我们的祖先干过辉煌的事情，那么你们也应该对我们另眼相看啊。"

"哦，抱歉，我不能这么做，因为你们没有什么了不起的。告诉你吧，你的祖先的功劳是属于你的祖先的，别提你们的祖先了！事实上，你们的行为是让它们蒙受羞辱，光荣是归于它们的，而你们只有被人卖掉的份儿！"

这个故事非常简单，你也许会觉得这些罗马鸡非常可笑，因为它们不懂得提高自己的实力，凭借自己赢得尊敬，只是在过去的祖先中找出一些自尊。不过，我们反思一下自己，可能自己也有过类似的做法吧。我们也曾经对于过去的辉煌无法割舍，总是喜欢和别人谈论这些东西，似乎这样会给我们带来一种与众不同的优越感，这个时候我们不再是芸芸众生中的凡夫俗子了，似乎高人一等，是真正的成功人士了。其实我们距离成功远着呢，只是对成功过于饥渴了，却不能够静下心来磨砺自己，于是总是回想过去的辉煌不放，在这种短暂的回忆中得到一种满足，而我们的现状甚至连一般人也比不过。

近代中国之所以落后，很大原因也是因为那个时候的封建统治者总是沉醉在过去的辉煌里，总是觉得自己是天朝上国，别的国家都是蛮夷之邦。当然，古代中国作为世界上文明古国之一，确实曾经创造了辉煌的历史，很长时期是当时整个世界最文明的地方，这确实培养了民族自豪感。问题是自豪不等于自大，到了近代，西方国家已经开始进行产业革命，进入机器时代了，清朝统治者还在夜郎自大，还生活在迷梦里，陶醉在过去的辉煌之中不愿意醒来，于是等到屈辱接踵而来的时候，才知道自己是多么地无知。

现在，我们认识到中华文明当然是值得我们为之自豪和骄傲的，过去，我们曾是这个世界最发达的国度。不过更加需要的是关注现在，过去是辉煌的，不过那是我们的祖先创造的，光荣属于他们，而现代人的重要职责是创造出属于自己的辉煌，继承与发扬先辈们的创造精神。

长江后浪推前浪。任何辉煌只是短暂的过去。我们生活在新时代，这意味着有自己这一代人的职责，虽然人的一辈子大部分时间是在平凡之中度过的，我们还是要在点滴的积累中创造新的辉煌。过去的已经过去，如果我们能够创造出新的成果，也可以说实现了新的辉煌。

3. 该冒险时别退缩，破釜沉舟才有生机

成功不仅需要一种锲而不舍的执着精神，也需要在关键时刻能够破釜沉舟的超人胆量，因为很多时候，你根本来不及做出最合理的判断和决定。比如说当两军狭路相逢的时候，一切计谋都是没有用的，因为敌人已经近在眼前了，这个时候如果要胜利，就需要一种敢于针锋相对勇气与斩钉截铁的魄力，不要再犹豫不决了，也不要再瞻前顾后了，迅速放弃一切无关紧要的东西，马上行动吧。李白说"乘风破浪会有时，直挂云帆渡沧海"，现在就是时候，还等什么呢，开始吧，理想的彼岸就在前面不远的地方。

秦朝末年，各地爆发农民起义，秦朝的统治者不甘心退出历史舞台，派出大军镇压起义。当时秦军大将章邯率领大军去攻打赵国，攻势十分猛烈，而赵军无法抵挡只好被迫退守巨鹿，而此时已经陷入了秦军的重重包围之中。当时情况

十分危急，为了能够顺利突围，赵军不得不向当时的重要诸侯国楚国求助。而这个时候楚怀王也知道唇亡齿寒的道理，于是马上命宋义和项羽星夜兼程去救援赵国。

不过到达目的地的时候，这支军队却按兵不动。原来将军宋义觉得正面救援太危险了，秦国兵力强大，很有可能会全军覆没，于是寄希望于秦赵交战两败俱伤，这个时候再乘虚而入，如果秦军攻破赵国，那么就此撤退。对于这一主张，项羽等人一直强烈反对，因为这样错过了一个里应外合的最好的机会，正是双方对峙的阶段，谁也战胜不了谁，而如果这个时候一方突然有了援军，必然会士气大振，从而一举扭转整个战局。不过宋义始终不肯出兵，甚至还责骂了项羽一顿，而这个时候楚军的粮草供应不足，甚至已经有士卒开始逃跑了，可是这个时候将军宋义还是整日沉溺于花天酒地之中。最后项羽实在忍无可忍了，就以叛国反楚为罪名把宋义杀掉，进而自己亲自指挥整个军队，这一举动可以说大快人心，项羽下令马上渡黄河，前去救援赵国。

而当时真的快没有粮食了，为了表示自己这一次必胜的决心，项羽命令全军只带三天的干粮，然后将可以乘坐回去的船只全部凿沉，把用过的锅全部毁掉，这样楚军除了胜利，根本没有任何出路了。因为这已经是最后的机会了，要么胜利，要么死去，结果项羽的士兵一个个如狼似虎，所向披靡，最终九战九捷，打败了强大的秦军，而秦朝也随着这一次失败而土崩瓦解了，项羽因这一战而扬名天下，得到西楚霸王的称号。

我们都非常羡慕雄鹰，它们能够在天上自由自在地飞翔，没有任何拘束，它们也拥有最广阔的视野，能够看到我们人类根本看不到的东西，而同样它们也有惊人的速度和捕猎技巧，这使得它们能够非常轻松地捕获一些小动物。不过，这并不仅是它们的天赋，它们能够做到这一点也和艰苦的尝试与训练分不开。如果没有屡败屡战的勇气，它们也只有和其他的鸟类一样，平平淡淡。下面关于鹰的故事就是一个很好的例子。

有一只鹰，则出生不久，有一天由于风太大它从树上摔了下来，这只鹰的妈妈根本找不到它了。而过了不久鹰妈妈便带着它的其他孩子离开了这个地方。可怜的小鹰眼看就要饿死了，不过幸运的是，这时候正好有一个到山里砍柴的樵夫发现了它，这个好心的樵夫赶紧把它带回了家好好照顾。当时樵夫也没有喂养这种动物的经验，只是看到自己家里正喂养着小鸡，而小鹰与小鸡也是非常像的，于是这个樵夫就将小鹰放进了鸡群里，让鸡妈妈一直喂养它。鸡妈妈也没有认出来它其实不是鸡，而是鹰，就当作鸡一直喂养了，当然起初鹰的相貌与小鸡也非常相似，如果不仔细看的话，根本看不出来什么差别。

可是后来等到它长大后，人们才发现这只"小鸡"实在太另类了，个头出奇地大，翅膀也出奇地大，并且吃得也非常多，个性还比较凶猛，于是人们知道这原来是一只鹰。周围的邻居非常惊慌，害怕这只鹰会伤害到他们的小鸡，于是为了鸡的安全，大家纷纷建议樵夫马上将小鹰放走。现在它虽然没有攻击小鸡，那是因为它还不够大，鹰毕竟是鹰，它早晚会发现自己的本性，攻击小鸡的。现在不提前放走，等到它真正长大之后再放，恐怕已经晚了。樵夫听了之后非常不愿意，因为他已经与鹰之间产生了神秘的感情，不过他也知道大家说得非常有道理，于是最终还是决定采纳了众人的意见，把这只鹰放走，让它回归大自然，去过自己的生活。

但是大家没有想到的是，这只鹰竟然不肯走，因为在之前的日子里，它已经和人之间有了非常深厚的感情，和小鸡之间也能够和睦相处，一次又一次地把它放飞，可是每次放走不久，它就又回来了。最终有一个非常聪明的人想到了一个办法，他提出将这只小鹰带到山里那个最陡峭的悬崖绝壁上，然后趁它不注意一下子松开手，这样如果它还不飞走的话，那么无疑它会掉到悬崖底下摔死。樵夫听了之后非常担心鹰会真的死去，他不同意这个意见，不过最终也没想想出更好的意见，于是只好同意用这个办法。于是他就这样做了，刚开始丢下的时候，这只小鹰根本没反应过来，只是一个劲地往下坠落，这个时候樵夫非常担心，他甚至已经后悔自己不该这么残酷地对待它。不过不到一秒的时间，鹰就发现自己处于一个非常危险的境地，于是它拼命抖了抖翅膀，马上就腾空而起了，从此它一直在蔚蓝的天空自由自在地飞翔，并且再也没有回去，不过这个樵夫心里还是有一点淡淡的悲伤。

试想一下，如果当初小鹰还是一如既往地鸡群里面生存，估计它这一辈子也真的像一只鸡那样，只能在地上觅食，只能靠人类饲养。因为长久的日子使它已经把自己看作是一只鸡了，鹰的天性与本能慢慢地退化了，而它也根本不可能也永远也不会知道自己原来不是鸡，自己的翅膀原来这样有力，自己原来也不必在地上觅食，完全可以展翅飞上蓝天翱翔，然后任意捕捉自己喜欢吃的食物。而它的最终发现自己还是要得益于那次在悬崖峭壁上的危机时刻，正是这个危机促使它不敢再懒惰下去，从而激发出了生命中的全部潜能，进而一飞冲天，实现了从鸡到鹰的华丽的一跃。

其实这只鹰的故事也就如人被埋藏的潜力一样，很多时候，一件事情，并不是我们真的做不到，而是由于我们没有激发出全部能量，不愿意让自己受苦，不愿意处在一种危机与紧张之中，也不愿意承担风险，我们的才能当然也不可能得到最大限度的激发，所以也不可能有超常的成就。人的才能越是到万不得已的时候越强，如果我们根本没有处在这种状态之下，又怎么能够激发出生命的全部能量呢。人们大多数时候也像那个在鸡群里的鹰一样，由于在安逸的生活中太久了，不愿意去改变，不愿意去承担风险，没有风险当然可以使自己的生活更加平稳，不过同时我们失去了实现突破的机会，因为已经没有了一种危机之感，觉得就算不付出努力也能够好好地享受生活，当然也就不会在意如何去挖掘身上的巨大潜能，因为我们已习惯了风平浪静的日子了，对于危机有天然的一种恐惧心理和逃避心理。

而一个人要想成就事业，就不能有这种心理，应该像那只鹰一样，敢于在最危险的处境中，去学习项羽那种破釜沉舟的勇气。很多情况下，没有退路才是最好的出路，太多退路只会让我们畏首畏尾，最终裹足不前。而一个人如果没有退路，一定能够激发生命的全部能量和战胜一切的勇气，也能锤炼出一种钢铁般的意志，最终完成人生的升华，实现巨大的成功。其实就算失败了也没有什么，还可以从头再来，只要我们的生命还在，就永远有东山再起的机会。所以人生千万不要畏惧危机与忧患，要畏惧的是安乐与舒适，有的时候，面临危险局面，才能够真正地磨练自己，挥洒出人生的精彩。

有压力才有动力，有压力才能反弹，压力越大，动力也越大，反弹也越大。狭路相逢勇者胜，面对困难，需要的是一种敢于亮剑的勇气与豪迈，一种不怕失败，勇于斗争到底的斗志，背水一战不是冲动与鲁莽，是一种真正敢于斗争的勇气，只要你有勇气，别人就会怕你，只要你敢于战斗，困难最终会低头。而没有压力的时候，人也没有了动力和斗志，只是觉得过一天算一天，得过且过，就像一只泄气的气球一样，无论如何拍打，也不能让它运动起来，而这样日子一天天地过去，这只气球也最终无人问津，归于平庸了。

最重要的是面对压力与危机能够战胜自己的恐惧心理，敢于和敌人、和困难进行殊死搏斗，而不是哀声长叹，怨天尤人，那样与一个懦夫何异。没有风雨就没有彩虹，没有磨难就没有成长，没有危机就没有爆发，没有破釜沉舟的勇气，也没有称霸天下的风光。最后，还是让我们把古人的那句豪言壮语当作座右铭吧：

"有志者，事竟成，破釜沉舟，百二秦关终属楚；苦心人，天不负，卧薪尝胆，三千越甲可吞吴。"

4. 放下太多追求，健康最重要

现实中的人们每天为了生活和事业而忙碌奔波，终日不得休息。有的人天天加班，每天工作超过12个小时，更有的甚至几天几夜不休息。而吃饭的时候我们也总是不十分在意，随便吃一点东西就当作是吃过饭了，总觉得吃饭与睡觉是生活的阻碍，总觉得自己应该比别人更加努力，总是只看到自己事业上的缺陷和工作上的不足，一心想通过自己的努力奋斗快速改变这一现状。而在这个过程中，其实我们没有意识到，自己已经忽视了生命中最宝贵的东西，那就是健康的身体。如果健康都无法得到保证，就算事业成功了，又有什么实际意义呢？身体已经不行了，还能享受什么快乐的时光呢？

许多人对健康的认识还存在一个严重的误区，那就是认为健康的身体就是不得什么大的病症。对于健康没有必要那么较真，只要身体不出现大的毛病，对于一些小病小痛也是能忍就忍，得过且过，觉得为了这些病花费时间与精力根本不值得。与其为了保健消耗时间与精力，还不如为了工作而努力奋斗呢。这其实是极其错误的想法。

千里之堤，溃于蚁穴。任何祸患都是起于忽微，任何毛病都是源于忽视。身体上大的病症的酿成都是由于一些小病没能及时治疗的结果。人体的器官都是非常敏锐的，如果哪里有一丁点的不正常，我们就会感到不舒服，这个时候它都会向我们的大脑发出一个疼痛的信号，我们也明白了身体的某个部分已经不再正常了。然而很多人明明知道这一不正常的情况，偏偏忽视了这个状况，总是觉得小病不值得去看，一直拖下去，从而也错过了治疗的最佳时机。等到酿成大病时，再后悔已经来不及了。这个时候的花费往往会上万元，并且要接受各种各样的检查，打针，吃药，甚至做手术，这个过程中也必须承受难以想象的痛苦。然而最终的结果还往往并不如人意，很多时候医生已经无力回天了。这个时候，即使你的事业心再强，还是毫无办法。

疾病是每个人无法抗拒的，你只有老老实实地待在病床上，看着周围的人活蹦乱跳，而自己只能够独自忍受寂寞与无聊。你的所有的梦想与斗志，还有过人的才华、高超的胆识也无从施展，再大的本事也是无济于事，再大的能量也只能潜藏在体内。如果得了一个不治之症，有可能永远也没有有机会发挥自己的才能了，那样的结果岂不更加可惜。

所以，人活一生，事业当然是非常重要的，但是如果与健康比较起来仍然是次要的。健康是无论用多少金钱也换不回来的。所谓留得青山在，不怕没柴烧，只要我们的身体还有健康，无论遇到多少困难与失败，仍然有希望。健康身体正是一个人事业成功的根本前提，如果这个都没有了，那么再大的抱负也无从实现。就如现代学者梁实秋先生说的那样，健康是一个人最后的本钱也是最重要的本钱。如果人生是一场牌局的话，那么就算我们前面输了好多，只要有健康的身体还在，那么本钱也还在，还是有翻本的希望的。而如果连这个都没有了，那么人生已经注定要全输了。

一项有科学根据的调查表明，现在世界上有高达75%以上的成年人处于一种亚健康状态。所谓亚健康状态是一种非常特殊的状态，是工作压力过大，同时生活不规律的共同结果。在亚健康状态下的人们，表面和一个正常的人并没有任何区别，他们也没有什么大的病症，然而他们会发现自己的身体机能明显不如以前了。在很多时候会出现身体不适的现象，比如在工作了一天之后往往会感到浑身无力，在开了一个比较长的会议之后往往会感到思想涣散，没有办法集中精力，经常莫名其妙地感到头痛，到医院去检查也找不出任何病源，之后的还有比较常见的眼睛疲劳、视力和听力下降等症状，很多时候还会失眠多梦，无法得到正常而充分的休息。但是你医生检查之后还是没有发现任意异常之处。很多人怀疑自己也许多虑了，只要挺一下就能挺过去了。于是也不再把这件事放在心上，开始和以前一样每天超负荷运转了，然而终于有一天，会发现再也无法正常运转，甚至连启动都非常困难了。

究其原因，无非是因为初期并没有对自己的病情引起高度重视。其实那种表现也就是亚健康状态，身体的各部分器官的功能已经不再那么协调了，不过由于只是发病初期，没有那么严重，还是能够维持身体的正常新陈代谢。然而等到天长日久，病症已经越来越严重了，甚至发展到非常难以收拾的地步，一些原本非常遥远的病症如糖尿病、脑血栓、高血压、内分泌失调等病症就相继发生了。

我们传统的中医一直讲究健康养生，治未病这是我们中华民族传统文化的一个瑰宝。它的基本理论是，对于疾病，预防的作用大于治疗。有很多病是可以通过合理的饮食与科学的锻炼预防的。东汉的名医华佗在这一方面有非常详细的论述，他专门研究了一套锻炼身体的方法，叫作五禽戏，基本动作是模仿五种动物。他的一个弟子每天按照这一套动作坚持做下去，竟然活到了90多岁，在当时那个年代，这个年龄可以说非常罕见的了。在更早之前，春秋时期著名的大思想家、教育家孔子在这一方面也有很多心得体会，并教导他的弟子，同时他自己也是身体力行，在当时物质医疗条件十分落后并且自己终生四处奔波的情况之下，竟然活到73岁，可算长寿。据说孔子还给他的弟子留下了一套养生之道，大致内容和我们今天所说的差不多。就是保持乐观的心情和平和的心态，不要轻易动怒，每天坚持锻炼身体，一定要注重饮食卫生，不要暴饮暴食，吃饭不要挑食，合理吸收营养，最好少量多次，当然还要注意休息时间，不可过量了也不要不足，一定要注重睡眠的质量。

作为一个现代人，医疗保健条件不知道比古代强了多少倍，然而我们的身体状况没有太多提升，这是一个非常奇怪的现象，也是一个我们应该极力避免发生的事情。其实无论医疗条件如何发达，对于疾病的抵抗最终还要靠我们自己。等到需要医院治疗我们的病症，很多时候已经晚了，并且无论医学如何发达，总还是会有一些病症是人类无法克服的。所以，我们首先一定要转变观念，不要觉得现在条件好了，患病没有什么大不了的，基本上都能很快治愈。我们还是应该向智慧的古人学习，对于疾病，预防的作用一定大于治疗，等到了医院里，无形之中已经增加了很多风险了。再说，大家也都知道，是药三分毒，吃太多药总是对身体有害的。最重要的还是我们要理性地克制自己，养成一个良好的生活习惯。

第一，最基本还是要保证一日三餐，重要的不是每天吃三次饭，而是要对这三次饭有一个合理的分配。这看似简单，现实中有很多人却根本做不到。很多人由于需要早起上班，再加上自己总是贪睡，所以对于早餐总是马马虎虎的，有的时候甚至不吃，或者是随便吃点就行了，完全没有把早餐当作一回事。而对于中餐，则也是马马虎虎，因为想抽空午休，所以也随便吃一点就行了。不过对于晚餐，大多数人却非常重视，因为这个时候已经下班了，可以放心地吃了，结果吃得饱，有的时候由于熬夜还要吃夜宵，而导致夜晚吃得更多，这显然对健康非常不利。

第二，要保持充足而有质量的睡眠。人的一生有大约三分之一时间需要睡觉，这显然并不是一种无谓的消耗，而是为了人能够更加有精力地生活下去，试想一下，如果一个人每天不睡觉，永不停止地运转下去，没有几天他就会吃不消的。所以良好的睡眠是也是一个人能够拥有健康身体的重要保证，然而现实中很多人要么总是超负荷工作，睡眠时间没有基本保证，要么就是睡眠质量不高，整日失眠，甚至依靠安眠药才能睡去，这些显然都是非常不正常的。关于这一点，除了自己要保持一个良好的习惯，每天按时睡觉，保证睡眠时间之外，还可以通过一些小小的偏方来改善睡眠。比如，可以在睡眠的时候保持安静舒适的环境，保证空气正常流动。另外可以在睡前听一段音乐等等。

第三，要重视身体锻炼。常言说"用进废退"人的各个肢体和器官，都需要多活动、多维护。科学锻炼的讲座和书籍很多，这方面的知识早已普及，难的是持之以恒。很多人的健康都得益于几十年坚持各种锻炼和做些有益的保健按摩。

总之，我们要明白，千金难买健康。健康在则万事可为，健康不在则万事堪忧，当然对于一些已经养成不良的习惯一下了改正过来也没有那么容易，我们要做的是每天改变一点点，坚持下去，那么健康就将伴随我们。

5. 不要等到失去之后再后悔

"曾经有一分真正的爱情摆在我的面前，但我没有珍惜，等到失去以后才后悔莫及。如果上天能够再给我一个机会的话，我会对那个女孩子说，我爱你。"这段电影《大话西游》中的相信台词大家都已经耳熟能详，不过许多人只是把它当作经典来看待，却未必从中吸收营养。

现实中的人们往往还是这样：对于现在拥有的一切不懂得珍惜，只是奢求那些不可能得到的东西。而等到真正失去的时候，又会发现自己后悔了，不过失去的一切已经不可能再回来了，因为没有可以让时光倒流的月光宝盒。

最终又能怪谁呢，只有怪自己吧。因为总是不珍惜眼前的一切，而去追求那些永远不可能得到的东西，结果什么也没有得到。未来有无限可能，并不是今天错过朝阳，明天就能收获阳光明媚，并不是今天错过了她，明天就能获得一个完美的白雪公主。而等到发现明天的一切没有想象的美好的时候，再后悔也不行了。

当人们拥有一个健康的身体的时候，却不懂得时时注意保护自己的身体，生活没有规律，暴饮暴食，最终得了一场大病才后悔莫及。当我们还年轻时，也不知道珍惜时间，总是无所事事地混日子，等到老去之后才觉得虚度了光阴。而当我们在学校的时候，也不懂得珍惜来之不易的学习机会，等到工作的时候才发现自己懂得太少，学校里的知识那么重要。当我们被父母疼爱时，也没有去珍惜，反而觉得父母太唠叨了，而等到父母不在时才知道那种唠叨也是一种幸福。当我们被爱人所爱时，也是不以为然，总是觉得对方不够完美，等到爱人离开时才去想念。而当朋友对我们进行劝告时，却把他们的逆耳忠言置之一旁，甚至进行无情嘲弄，而等到自己吃亏的时候，才发现原来朋友的见解那么明智。

有一个女人和一个男人彼此相爱了。女人有一次看到珠宝店里的黄金项链漂亮，就对男朋友说：我也要有。男人当然也希望能给她买一个，不过他当时事业刚刚开始，没有多少钱，根本买不起那个好看的黄金项链。

不久，有另外一个男人送给女人这个黄金项链，女人把它戴在脖子里，觉得自己好幸福，找到了如意郎君。

女人后来嫁给了这个送她项链的男人。原来的男朋友虽然也很爱她，不过实在太穷了，也看不到任何事业成功的可能，尽管女人心里对他有些留恋，还是选择了那个能够买得起黄金项链的男人做了自己的丈夫。

从此之后，这个女人有各种各样的首饰，她觉得自己当初的选择是明智。可是不久之后，她那个有钱老公竟然因为非法经营而被判刑入狱。女人这个时候非常伤心，不由得又想起了第一个男朋友。

一天，女人竟然又在街上遇到了这个男人。男人对她还是很热情，对于过去的一切也没有抱怨，还邀女人到他家看看。当然这时候男人也结婚了，女人特意看了看他的妻子，他的妻子对他非常依恋，两个人的生活非常美满，虽然没有黄金珠宝，却也非常温馨。

女人觉得自己非常不幸。因为男人现在家庭非常幸福，而自己的丈夫无法回到身边。

女人这个时候已经知道，原来的男朋友再也不会回来了。她在日记中写道："很多东西，总是当时不知道珍惜，要等到失去了，才知道它多么珍贵，可是已经失去的东西再也不会回来了。"

一些人感到不幸福，不是真的拥有的太少，而是不懂得珍惜那些已经拥有的东西。其实，只要有一个良好的心态，就会发现，生命中有那么多东西值得珍惜。功成名就时，当然可以珍惜那份得意。即使是在失败的时候，也可以珍惜其中的教训。如果只拥有而不懂得珍惜，那么等于没有拥有过。就算事业成功，家庭美满，还是会觉得遗憾。如果没有学会珍惜，就不可能真正地懂得拥有。

人们有这样一个通病，总是不知道珍惜已经得到的，总是幻想那些还没有得到的，而自己越得不到的东西，就越觉得那个东西珍贵。其实等到自己真正得到了，却发现根本没有想象的那么珍贵。可是为了得到这个东西，可能已经把原本宝贵的东西丢掉了，再也找不回来了。

放弃那些不切实际的幻想吧，珍惜现在的所有吧。其实只要你留心，你会发现很多被忽略的幸福。一些东西如果错过就不会再来了，生命只有一次，今天也只有一次，今天的一切很有可能明天会消失，生活中不会有假如。不懂得珍惜那些宝贵的东西，那些真正重要的人，那些值得珍惜的时刻，一旦错过就再也找不回来了。

所以，与其等到将来失去而后悔，不如从此刻就开始珍惜眼前的一切，从眼前的微小之处发掘出自己真正的幸福，那样你会发现自己原来已经拥有这么多了。你不会再对生活抱怨，也不会只是每天幻想那些不可能得到的东西了，你会感激能够拥有的现在，感到你是世界上幸福的人。

6. 眼前的人是最值得珍惜的

有很多时候，我们总是不懂得珍惜眼前的人，总是看到眼前的人有这样那样的不足，不知道发现他们身上的美好。也总是觉得别人身边的人比我们身边的好，喜欢将自己的眼光望向别处，却忽视了那些陪在身边一直为我们默默付出的人。

对于爱情，也总是喜欢幻想，对于眼前的感情不知道珍惜，却总是喜欢去追寻一些根本无法得到的感情。对于身边的幸福不会把握，只是觉得握着对方的手像是左手握右手，总是抱怨他们无法给你想要的激情的感觉了。而实际上已经忘了，就是身边的这个人一直在我们身边守护着，无论发生什么事情也对我们不离不弃，一直为我们遮风挡雨，甚至从来不要求任何回报。

真正的爱情，其实也就是这样。虽然短暂的激情让我们意乱神迷，就像是歌中唱到的那样，有一种雾里看花，水中望月的朦胧感觉，虽然我们自己看不清、道不明，却让我们无限怀念。当然这种感觉很好，不过我们也要知道这只可能是暂时的感觉。爱情还是要从平平淡淡中表现出来。当然，我们每个人都渴望一种被爱的感觉，也一直都在努力寻觅着一生的爱人。可是很多人耗尽了一生的时间寻寻觅觅，却还是没有找到那个爱人。这并不是因为真爱那样难以寻找，而是因为过于好高骛远了，因为总是眼高手低，不懂得发现眼前人的美丽，而总是将目光盯在别处，看着别人。殊不知，原来真正值得爱的人就是自己身边的那个人，原来一直幻化得美轮美奂的那个天使一样的人物根本没有那么美好。其实真爱一直都在，不过只有最懂得珍惜的人才可能发现并拥有。

对爱情感到无奈。因为总是对于那个近在眼前的一直爱着我们的人没有感觉，却对远方一个无法得到的人朝思暮想、牵肠挂肚。然后总是感叹，为什么我们爱的人不爱我们，而爱我们的人我们却不爱。对于那个无法得到的人朝思暮想，心甘情愿为他付出一切，却不要任何回报。以为这就是爱情，其实不然，这只是一种心理作用。因为人总是有一种错觉，认为得不到的就是最好的。

而对于轻易得来的人，往往不懂得珍惜，总是看到对方身上的各种缺点，觉得他这也不好，那也不对。却一直对那个无法得到的人抱有各种美好的幻想，结果到头来什么也没有得到，不仅自己黯然神伤，甚至也深深地伤害了那个一直深爱自己的人。

关于这一点，古人说得非常好，"众里寻他千百度，蓦然回首，那人却在灯火阑珊处。"事实也确实是这样，仔细想想，你的身边不是一直也有这样的一个人存在么？他也许从来不说"我爱你"，可是他总是随时关心你。他清楚地记得你的生日，也记得和你初次见面是哪一天，同时他也知道你爱吃什么不爱吃什么，甚至暗地里已经学会了做你最爱吃的那道菜。你伤心的时候，他会默默地陪在你身边。你对自己产生怀疑的时候，他会把你拥入怀中，然后轻轻地告诉你，你仍然那么有魅力。甚至为了你，他改变了很多。就算有一天，你打扮得非常糟糕，他还是会说你是他见过的最美丽、最可爱的女孩。他也学会和你一起逛街，就算他心里非常厌倦这种事情也不会表现出来，而是装作很开心的样子。如果你们两个一起走在路上，那么他一定会让你走在内侧，用自己身体保护你不受到可能的飞来横祸。他在你面前说话都是充满温柔的，他不愿意说出任何可能伤害到你的话。一直以来，他也是呵护着你，让你感觉自己像个公主一样。你们两个约会时，他也已经学会了等待。就算你因为什么事情而迟到了，他也不会生气，只是一直微笑地注视着你，而不会责怪你。甚至你因为在外边受气而迁怒于他，无故对他发脾气，他也不会在意，只是默默接受一切，然后等到你情绪平静下来再安慰你。

如果在你的身边真的有这样一个人，那么你一定要抓住他。不要再对别人有什么幻想了，不要因为他太珍惜你而忽视他。如果因为你的一次次的伤害而使得他离开时，你就会后悔莫及了。因为他就是你生命中的那另外一半，他是爱情的天使。不要还是这山望着那山高了，也不要以为自己还年轻就有很多机会追逐爱情，不要再挥霍青春了。爱情，特别是真正的爱情，并不是那么容易得到的，如果得到了一定要珍惜，并抓住它。一定要特别注意那个一直在你身边的人，他才可能给你永恒的真爱。

让我们来看一下这个爱情故事。20世纪80年代，那个时候还不算太开放，在南方的一个普通城市里，有一个腼腆的男孩和一个矜持的女孩在城市的某个角落里相遇了，他们也对对方有好感。他们两个有太多的相同点，他们有相同的家乡，相同的专业，相同的工作，相同的爱好，甚至对于将来还有一个共同的理想，他们两个在一起总是有很多话要说。日子一天天过去了，他们的心也一天天地靠近了，觉得对方是可以相伴一生的人。

不过那个时候的风气还比较保守，再加上两个人的性格原因，有很多次机会，他们马上要向对方说出那三个字了，却总是因为突破不了自己而难以说出口……

在以后的日子里，男孩和女孩之间总是在互相猜测对方，觉得对方可能喜欢自己，也觉得对方好像并没有自己想象中的那么钟情。两个人甚至为了这些而无法入睡。

终于有一天，男孩在周围朋友的鼓励之下主动来约这个女孩一起去公园。然后找到一个僻静的地方向对方表白自己的爱意。当这个女孩看到对方那满含着热情的眼神的时候，心中也一下子狂跳起来，她心里其实一直想马上点头答应，不过女孩的矜持还是让她决定故意拒绝他一次。

回到家里，她把这件事情告诉了她的妈妈。她的妈妈告诉她："如果有一个男孩子真心喜欢你，那么你一定要考验一下他，如果他能够一直约你三次，你这个时候才可以出去！"

后来，女孩也常想起男孩遭到拒绝时的伤心的样子。她记得，当她摇头的时候，那个男孩当时觉得非常诧异，可以看出他完全没有任何心理准备。不过他还是保持了自己的风度，笑了一下，不过可以看出他笑得非常勉强。女孩可以清楚地看到，他的眼神里是多么地失望，那种失望足以让她心碎。

后来女孩在他的背影离去之后，还一直默默地站在那里很久很久，她对自己说，我相信你是真心爱我的，我会一直等你再次约我的。

接下来的日子还是和以前一样平静，他们两个还是每天在一直聊天、工作。他们觉得对方还是与自己心有灵犀，也彼此看到对方在凝视自己的眼神里充满爱情的期待。不过他们还是没有取得突破。

终于有一天，男孩又在周围朋友的鼓励之下恢复了爱情的勇气，他这次主动来约这个女孩一起去看电影。电影是当时非常出名的一个爱情片，里面的明星也是女孩喜欢的，他已经准备好在电影男女主人公表白的时候告诉那个女孩其实自己也像电影里一样深爱着她。

对于这个邀请，女孩欣喜无限，她恨不得马上和这个男孩一起去看电影，就算那个电影不是自己喜欢的也完全没有关系。不过想到妈妈的那句话，她还是狠下心来拒绝了那个男孩。这次男孩真的伤心至极了，他走的时候几乎颤抖起来了。女孩心里也非常心疼他，不过最后还是让他走了。心里默默地祈祷他不要因为失望而伤了身体，也希望男孩能够再约他一次。下次，只要你约我，我一定马上和你一起走，随便哪里都行。

在接下来的日子里，女孩开始苦苦地等待这个男孩能够第三次约她，可是时间过了好久，那个男孩再也没有来约他了，因为男孩已经到了另外一个城市。

对于这个故事，大家可能觉得是太遥远的事情了，现在人们对于爱情已经非常大胆了，不可能发生那种事情了。不过在现实生活中，每天不知有多少类似的悲剧在发生呢。

如果你真的很爱对方，那么就大胆说出来吧，千万不要因为害怕对方拒绝，害怕自己没有面子而不敢表白。因为有的人一旦错过了就不会再来。

在茫茫人海里，两个人能够最终走在一起真的是非常不容易的。既然如此来之不易，就要学会好好珍惜这个难得的缘分。不要再幻想那个得不到的人多么有魅力了，也不要幻想短暂的激情是多么迷人了。那个一直在你身边的人，那个不喜欢说太多的甜言蜜语却能够随时守护在你身边的人才是你的真爱。

不要因为爱情来得太容易而认为是理所当然的，也不要因为对方一直在主动呵护而一直对他要求无度，更不要对他的付出视而不见却一直去追逐那个模糊不清的偶像。

爱情不是找到一个完美的人，然后和他每天过着浪漫的日子，爱情是和一个真正爱自己的人一直享受那些日常生活中的琐碎与平凡。珍惜眼前的人吧，因为他才是最值得珍惜的。如果不知珍惜，你的一生会充满遗憾。与其等到失去最爱的人而伤心，不如现在就去珍惜眼前的人。

7. 积蓄能力，该爆发的时候别藏着

有一个成语：不鸣则已，一鸣惊人，这是很多人一直在追求的。特别是一些刚出道的大学生，他们没有过多的才能，也没有多年的工作经验，这可能导致在工作中屡屡碰壁，然而他们的雄心壮志还在，认为自己绝对不比任何人差，只要条件具备，绝对可以像那些成功人士一样。而历史上许多人之所以能够成就伟业，也是因为他们始终不曾放下自己的雄心壮志，然后不断提高自己的能力，积累自己的力量。这个时期，他们需要一个相对安定的环境来发展自己，所以就学会了韬光养晦，学会了在暗中积累，这是一种高深的智慧，因为这样就为自己的成长打下了非常好的基础，等到自己需要爆发的那个时刻就有足够的能量。可以说已经为成功早做好准备，真正需要站到台前的时候，已经是胜券在握了。不过在这之前的过程必然也是十分艰难的，只有心性坚忍的人才能够战胜这个困境。

韬光养晦虽然是一种有效的策略，却不是任何人能够做到的。在这个过程中，要容忍别人的鄙视嘲笑，有的时候还要能够忍那些品性低劣者的呼来喝去，颐指气使，而这是最让人难以忍受的。如果你没有坚忍的心性，根本不可能做到，并且也不是任何性格的人都能够做到的，如果是一个非常刚烈的人，那么也许宁可死了，也不能忍受这种羞辱。

当然，如果能够忍受这一艰苦过程，得到的收益也必然是非常多的。

这种策略也就是一种示弱的策略，这是一种高明的智慧，特别是在为人处世中，当你的实力还不够强大时，当你还不为人知的时候，适当的示弱能够让你得到更快的成长。它不仅能够让你实现险中求胜，或者即使不胜也能够实现安身自保，为将来的东山再起打下一个良好的基础，同时还是取得成功的前提条件。因为别人都认为你弱，自然没有工夫来阻碍你，人们的争斗对象通常是对准那个对自己威胁最大的人。

运用这一观点来分析一些社会和历史现象，我们往往会得出一些新的结论，有可能比原有的结论更加深刻，更加接近真相。大家都知道三国时那个赫赫有名的蜀后主刘禅，只要一提到他，一定会摇头叹息，因为在人们的长期印象中，这个无能的"阿斗"，把刘备的大好江山和诸葛亮的满腹才华全部糟蹋了，甚至这个名字已经成了呆笨无能者的一个代名词。然而历史上后主刘禅真的像人们传说的那样昏庸无能么，也许我们没有认真思考，就轻易赞同了别人的看法。如果从自保的角度讲，再结合当时的那种历史背景来分析的话，他的行为也许还有另外一层意义是我们没有发现的。

　　当时强大的曹魏大举攻蜀国，两国的国力根本是天壤之别，弱小的蜀国无论如何顽抗，也终究无法逃脱灭亡的命运的。在这个时候，如果还是拼死抵抗只是多死一些老百姓，根本没有任何实际意义。在这种情况之下，刘禅选择投降也不能说完全是一种错误，因为打仗固然可以让自己留下一个好名声，可是如果就此而死了，就再也不会有什么机会了。于是他采取了另外一种方法，也就是保存自己的方法，当然这也是因为他有自知其明，知道在什么情况下应该说什么样的话。到洛阳后，曹魏封他为安乐公，名义是对他好，其实还是对他不放心的。特别是当时魏国的实权派人物司马昭更是非常害怕他将来谋反生事，于是就采取一个方法来对他进行试探，如果这个时候发现他还有什么复仇心理，会立即把他杀掉。这个后主并不是不知道自己的危险处境，在这种情况之下不得已运用一种"愚钝"的方式来保住性命。不久司马昭果然开始行动了，他故意专门设宴招待刘禅，表演一些歌舞。其实这个时候刘禅的心里是非常悲痛的，不过为了让司马昭放心，他只好装作非常开心的样子。司马昭仍然不放心，又试探刘禅："颇思蜀否？"这个时候刘禅是非常吃惊，也非常害怕，因为他知道如果回答错误的话，很有可能会有杀身之祸，于是他故意装出一种非常惊讶的表情，回答道："此间乐，不思蜀也。"于是，司马昭真正地放下心来了，以后再也没有加害过刘禅，而这个后主也度过了一些非常平稳的日子。有人说，刘禅的表现是懦弱无能，没有心肝，然而他最终的结果是和平终老，这大概是人们没有想到的，或者是已经忽略的吧。

　　当然示弱也有一定的技巧，如果不恰当反而有可能弄巧成拙，最终害人害己，这是一定要多加注意的。我们其实可以采取一些比较具体的做法，例如在示弱时还可以适当地讲述一下自己的亲身经历，这样别人会有一个非常清晰的印象，而不是觉得你是故作谦虚。当然同时也会让别人减少防范心理，如果你只是一直韬光养晦的话，一些聪明的人可能会觉得你这个人太深不可测，甚至不愿意和你交往。因为他们不清楚你到底是一个什么样的人，和你交往到底有没有危险。而这个时候如果你能够对一些自己的事情坦诚相告，特别是对于自己以前失败不如意的地方也和盘托出，对方就有可能会非常信任你了。因为他这个时候会相信你也和他一样，是一个非常平凡的人，并且你的这种说法是一种友好的表示，只有一个人觉得另外一个人是他的朋友了，他才有可能把自己一些失败的经历和一些可能让自己没有面子的话告诉对方，而这些话通常对于一般人是不会说出来的。

这时候也会显示自己是一个自信的人，因为那些不很自信的人通常不会说出或者不敢说出自己失败的一面，他们非常害怕别人会因此而轻视自己。如果你已经是一个非常成功的人了，也要学会和别人分享一些自己不成功的经历。因为成功的人总是会给别人很大压力，别人会觉得和你在一起心理上有距离，这个时候可以适当地向别人介绍一些自己的失败经历与现实的烦恼，这样会拉近你与他们之间的距离，也会告诉人们成功并非易事。当然同时也是给他们信心，也等于告诉他们，成功的人也并没有什么了不起的，如果你能够授受一些失败，并且战胜它们，那么日积月累，你也终究有一天会成功的。

那些已经拥有一技之长或已经成为一个领域的佼佼者的人也可以尝试向别人诉说自己当年一窍不通的窘况。说自己刚开始进公司也是什么都不会，非常害怕别人嘲笑，甚至有非常严重的自卑心，自己也曾经遇到过许多技术难关，不过好在身边有别人的帮助，自己也能够贤坚持下来，于是最终渡过了难关，才能有今日的成就。显然这样一个心理路程是他们非常愿意听到的，也能够拉近与他们的距离，在这个过程中，他们对你不再生疏了，你们也很快成为好朋友。

除此之外，示弱不仅可以表现在语言上，还可以表现在具体行动上。特别是当自己在事业上小有成就时，为了避免不必要的嫉妒和别人来挑衅，对于一些小事可以采取回避退让的态度。就像当年的蔺相如一样，如果对方是一个知道好歹的人，这个人可能会"负荆请罪"，或者也会和你友好相处的，而如果对方还是蛮不讲理，无故挑衅的话，这个时候你也不用心慈手软了。因为正义会站在你这一边，你的行动能够让旁观者同情。当然，对于一些小事，也没有必要当真，适当的忽略能够显示出你的风度来，如果为一点微名小利而惹火烧身显然是不明智的行为。

其实，不只在人类社会中有这种现象，就是在动物界里，也有不少动物已经掌握了这个技巧。其中最有代表性的就是乌龟了。

大家都知道，乌龟的动作非常慢，本身也没有什么强大的能力，跑得不快，力量也不大，然而它们却是最长寿的动物，这是什么原因呢？原因就在于它们能够知进退，对于各种灾祸都能够采取最安全的战略。当遭遇外力干扰时，它不会像别的动物一样马上和敌人搏斗起来，也不会马上没命地逃跑，而是会非常及时地把头脚缩进壳里。当然有很多人觉得这是一种非常没有面子的行为，甚至是懦弱无能的表现，可是最终的结果怎么样呢？最后是谁胜出了呢？乌龟虽然既不反击，也不行动，然而这种方式保全了自己。对于这种示弱方式，别的动物根本没有任何办法。在观察了一会儿之后，除了自己走开根本没有任何方法能够让乌龟重新出来。而乌龟显然也是非常有耐心的，无论你如何等待，它也不会比你先出来。更何况，它躲在里面，根本可以非常舒适地睡觉，任你外面风吹日晒。

乌龟的做法看似没有任何雄心壮志，是一种无能的表现，其实才是一种真正的智慧。因为在凶险来临时候的适度适时地示弱，是保护自己的最好方式，甚至在一些情况下还可以混淆对方的视听，从而让你能够转败为胜。就算没有转败为胜，也可以使你安然无恙，至少不会有一些暗箭能够伤害到你。而只要你还活着，你的实力还在，你终究会有爆发的一天。

第九章
为自己活着，生活不是给别人看的

　　我们总是喜欢崇拜那些成功的人，我们也总是追求时尚。并不是说这样做不好，至少在追求之中，我们自己也得到了提高。一个人能力有大有小，不过我们并不能因为自己能力小就成为别人的影子。我们向别人学习是为了更好地提高自己，学会做最真实的自己，无论任何时候一定要记住这一点。

1. 我就是我，不必附庸流俗

一篇文章能够吸引我们，因为它有独特的风格，一件衣服能够吸引我们，因为它的款式有特点，一首歌曲动听，是因为它有独特的韵律，而一个人之所以有魅力，也是因为这个人有个性。人要活着，就要活出自我的个性来，因为你不是为了别人而活的，你是为了你自己而活的。如果只是人云亦云，别人怎么说你也就怎么做，完全没有自己的看法和思想，岂不是枉过一生。

亮出你自己，真正有个性的人不会去追逐潮流，因为他本身就在潮流的最前线，他是引领潮流的人，而不是被潮流引导的人。而一个人在选择职业时也要有自己的个性，适合别人的工作不一定适合你。别人能够赚钱的事情，你做起来可能就不赚钱了，因为那些工作不符合你的个性，你做起来根本无法得到任何乐趣。所以按照自己的个性来选择职业，才能够得心应手，进步飞速。

在这个过程中不要见异思迁，遇到一点挫折就裹足不前了。要知道，无论做任何事都是有困难的，就算你换了一个工作，这份工作刚开始的时候没有什么挫折，也许用不了多长时间，挫折就会重新来临。而这个时候，由于这份工作并不是你所喜欢的，战胜这个挫折就会更加困难，要成功也会更加不易。

德国哲学家莱布尼茨说，这个世界绝对没有两片完全相同的叶子。任何事物都有其独特个性，也是一个事物存在的表现形式。就拿我们最常见的鸡蛋来说吧，我们可以把两个看似没有区别的鸡蛋摆在一起观察，粗看起来，它们几乎没有任何不同，不过你如果仔细观察，就会发现在很多细微的差异。比如说它们的形状不同，它们的重量不同，它们里面的物质比例不同，它们的营养程度也不同，不过由于这些差别太不明显了，我们就把它们忽略罢了。

年轻的达·芬奇学画时显然没有意识到这一点，所以他的老师刚开始让他天天画鸡蛋的时候，他非常愤愤不平，觉得这个太简单了，根本没有任何技术含量，也无法提高他的绘画水平。不过老师让他去寻找两个完全相同的鸡蛋，他找不到，老师让他去画出两个完全两相同的鸡蛋，他也画不出来，于是他也最终领悟到了其中深刻的道理，从此之后天天坚持画鸡蛋，一直经过好多年，最终成为一代大师。在这个过程中，通过长年累月地反复练习已经训练出一种对于物体形态的最精确的把握能力了。这样无论对于如何复杂的事物，他都能够在第一时间观察出它的最基本组成部分，并画出最细微的差别，当然也就是画出了事物的个性，而有个性也是任何一个名画的最基本优点，在这个基础之上，再前进一步，就能够达到大师境界了。

20世纪80年代，那个时候刚刚改革开放，人们的思想也刚刚从保守走向开放。当时流行一种喇叭裤，这在当时十分新潮，以前大家根本没有见过，于是一些大胆有钱的人纷纷买了穿在身上，也不管自己的身材是否适合，因为这是一种普遍心理。当看到满大街的人都穿喇叭裤的时候，有些人担心自己受到别人的耻笑，于是只好跟着潮流走，自己也买了穿上去，合适不合适再说，先让自己不落伍才是最重要的。其实腿短的人穿上并不好看。现在的人们对于时尚与潮流也有了新的追求，比如当你看到别人拿着一款新的手机时，想到自己的落伍的手机肯定心里非常不是滋味，于是他也想马上买一个新的，总是害怕别人会瞧不起自己……

仔细想一想，我们真的确实需要这样做么，我们是不是在潮流中迷失了自己了呢，为赶时髦而浪费时间是不是太不值得了呢。其实，你完全可以有自己独特的风格，你要做的事是真正对自己有意义的事，而不是为了能够让别人看得起的事情。所以，当别人在跟风时，你大可不必像他们一样跟风，潜下心来做自己的事就行了。

当别人都在为了减肥而节食时，你可以毫无顾忌地吃你爱吃的东西；当别人为了听明星演唱会而疯狂时，你可以戴着耳机悠闲地听着中国的古典音乐；当别人纷纷争着出国留学，出国打工时，你偏偏安分地在家乡创业；当别人每天疯狂地关注炒股与证券时，你可以不必参与，而去看自己喜欢的作家是否有新作问世；而当别人进入一个大酒店暴饮暴食时，你可以自己在家里享受做饭的乐趣……·

这绝对不是落伍，这也不是为了要标新立异，而是实现自己真正的个性，因为个性，所以不屑去做那些大家趋之若鹜实际上却对于自己没有任何实际的意义的事情，也不会因为别人的言语而轻易改变自己。而这也是一个人能够最终成功的秘诀，因为个性也在一定程度上左右着人的前途和命运，最起码可以说决定了一个人的选择。在面临事业与生活中的重大抉择时，一个没有个性的人，往往也没有独立的判断与思考，只会附和大家的意见去行事，不可能取得别人想象不到的成功。

有个性的人一定会经过自己的独立思考才做出决定，在这个过程中，他也不会刚愎自用，他会听取别人的意见。不过他不会不经过思考就采纳别人的意见，在经过反复思考之后，他最终会做一个非常果断而有魄力的决定，并且一定会完全按照决定行事，不会因为别人的说法与不理解而踌躇，甚至改变自己的意见。

当然，他也不是一成不变，他也会改变，不过是在实践过程中真正发现了问题之后的改变，是知道了自己错误在哪里而采取的有针对性的改变，是对症下药，而不是无的放矢。而对于一些风言风语，一些非议与异样的眼光，他根本置之不理，只管按照自己的既定方针朝着自己的既定目标前进。因为他相信自己是对的，他对自己有信心，并且他也打算用实际的成功让那些嘲笑他的人，让那些不理解他的人刮目相看。

个性不仅决定了一个人在事业上的成就，也决定着一个人对于幸福的独特感受。幸福对于不同的人也是有不同的含义的，别人感觉幸福的事情，你可能觉得不幸福，别人感觉不幸福的事情，你反而可能会感到幸福。而别人追求的事物，可能并不是你想要追求的，你需要真正明白自己的幸福感在哪里，哪些才是真正能够给你带来幸福的事物。

幸福也是多方面的，物质的丰富当然可以让我们有极大的幸福感觉，不过这些远远不是幸福的全部，物质的多寡只是决定了人们可能买到东西的多少，却不能够满足精神需要，而一个人的精神需要显然是更高层次的追求。只有这个层次得到了满足，才能够感到真正的幸福。

许多有个性的人，对名声与权力比别人看得更开，不会被这些东西所羁绊，别人趋之若鹜的东西他也只会冷眼旁观。

真正有个性的人，也不会总是把自己与别人进行比较，因为他知道人与人是不同的，无谓的"比较"只会伤害自己的心情，而不会让自己得到任何有益的东西。别人有别人的生活，别人有别人的追求，别人有别人的活法，而自己也有自己的生活，自己也有自己的事业。别人可能事业非常成功，不过那是因为他们已经度过了事业的最起步阶段，而自己可能是刚开始，当然不可能马上像他们一样成功。应当关心的是迈过这个阶段，那么也是可能像他们一样成功的，甚至超过他们也是有可能的。如果真的要比较的话，与他们比较的也是在事业起步阶段的表现，这样比较才有可比性，也不会因为不如别人而灰心失望。

而看到别人的物质条件比我们好的时候，也没有必要心里不平衡，他们可能也一样经过了一些非常穷苦的日子。自己虽粗茶淡饭仍然是在不断进步的过程中。并且吃得简单了，做其他事的时间也越多了，不会变胖了，也不可能得一些富贵病了。这样想一下，不是很开心么。没有理由和自己过不去啊，欢声笑语是我们自己的选择，那些烦恼和忧愁就让它们自生自灭吧。我们有自己独立的个性，我们不会因为看到别人比自己强，就整日愁眉不展，闷闷不乐，我们的幸福是自己给自己的，就算别人真的比我们强，我们也一定有我们的快乐。因为已经实现了自己的个性，可以按照自己的个性来决定自己的生活，这也是最大的自信与幸福。

有个性的人，必然也是一个非常豁达大度的人。他要保持自己的个性，自然也就喜欢有个性的事物，也必然会喜欢别人的个性，包容别人的个性，他的心胸也会十分宽广，心胸宽广就不会对一些鸡毛蒜皮的小事斤斤计较，对于一些成败得失也不会太过在意。他的人生虽然也有许多痛苦与失意，不过他会马上将痛苦转化为淡然；将失意变为从容。而对于人生中所遇到的一切，他都能够以平常心处之，即使是失败与痛苦，在他看来也是人生的组成部分，也是人生的一道风景。

2. 理智的个性才是真正的成熟

我们对个性也要有一个正确的理解，个性是一种成熟的魅力，而绝对不是乖僻执拗，不是固执己见，刚愎自用；不是标新立异，哗众取宠，更不是故意穿一些奇装异服，过度的张扬，出风头；当然也不都是杨修式的恃才傲物，自作聪明；不都是林黛玉式的顾影自怜，孤芳自赏；不都是小龙女式的不明事理，完全不食人间烟火。

通常讲的个性是一种内敛与成熟，是一种含蓄与幽默，是一种宠辱不惊的气度，是一种淡定豁达的胸怀，是一种对于事物本质的独特感悟。是对于人生百态的深刻洞悉，是对于事物发展方向的独到的预测，是对于既定目标的执着追求，是对于附庸风雅的嘲弄，是对于随波逐流的背叛，是真正地做了自己的主人，是自己掌控自己的情绪，自己掌控自己的思想，而不被任何外物或者别人。

"我思故我在"，有个性的人也必然有自己独特的思想，事实上，这也是他能够存在于这个世界上的标志与意义。本质上说来，人人都是非常平凡的，我们要做的也是能够摆脱世俗名利场，活出自己的味道、活出自己的个性，不再为社会和别人左右。

大千世界，芸芸众生，每个人的生命也只有一次，既然上天已经注定世界上没有两片完全相同的叶子，那么我们也应该像一片独一无二的叶子那样，活出独一无二的自己。

说到底，正确判断出一个人究竟成熟到何种程度，有没有独立见解，关键是看他在人生紧要关头会做出什么决定，会有什么样的心态。一个真正有主见的人在人生的路途中行走，无论遇到任何风波总是能够游刃有余地处理，虽然有时也会感到压抑，不过最终还是能够伸展自如，而经过一个长时间的积累，他们也能够挥洒出别具一格的人生风采，绽放出精彩纷呈的个性光芒。而一个没有主见的人，关键时刻会畏首畏尾，裹足不前，就算做出决定也是随波逐流，而如果要让他们自己做决定，就会显现一种出忐忑难安的表情，在他们看来，听从别人的劝告似乎是一种天经地义的道理，而他们也轻易地放弃了自己的决定权力。成年累月以后，他们也习惯了这种生活方式，这也构成了他们的最基本的生活基调。而长期在这种生活下成长的人，不可能有一个顽强的心志，心理承受能力也非常一般，所以他们遇到不如意的事情极易感到彷徨失落，手足无措，而在危险和挫折真正来临时，他们也会不堪一击，甚至溜之大吉。

显然我们都不希望自己成为和他们一样的人，那么就从现在开始让我们学会自己做出决定吧，我们自己就是自己的主人，做出真正符合自己心意的决定，从而真正按照自己的意愿生活。

树立独立意识也是要与一定的传统做斗争的。我们从小受到的各种教育就是一定要做一个听话的好孩子，在家里父母怎么说我们就怎么做，上学的时候老师怎么说我们就怎么做，后来进公司工作领导怎么吩咐我们就怎么做，往往为了这么一个形象而放弃了自己的独立主张，虽然有的时候我们也明白自己的主张是对的，不过最终还是为了一个别人的正面评价而放弃了自己原本正确的主张。直到后来，我们才发现，这些根本得不偿失。

不是说我们一定要与别人不一致，甚至为了自己的个性主张而与别人发生冲突，而是说我们可以保留自己的主张。很多时候，听话只是一种态度与礼貌。就像对于长辈要尊敬服从一样，大家当然都知道，长辈也不一定正确，不过为了表现出对他们的尊重，我们还是不要当面反驳他们，这样他们就会说这是一个懂事的孩子，而等到私下里的时候，完全可以按照自己的方案站定嘛。

毕竟，生命中最重要的就是自主与独立，人生最终也要自己负责，如果没有自主，不会独立做出决定，人生又有什么意义可言！

学会尊重自己，自尊自爱，不卑不亢，活出自己的真性情，那么他人也自然会感到我们身上的独特魅力，主动和我们交往。就算对方不喜欢我们也没有什么自然有别人喜欢。再说幻想别人都喜欢你也不现实。所以，正确的交往来自独特的魅力，而魅力来源于个性，个性来源于自尊。我们还是要从内心深处真正地除去讨好别人的心理，把注意力真正地转移到自己身上来。

不善交往的人，也没有必要改变自己的内向，内向也是一种个性，有的人偏偏喜欢内向的人呢，要做的不是改变自己，而是保持自己的个性，同时在这个基础之上做出一定的修正，真正让它焕发出独有的光彩。

所以，与其费尽心思想着如何去讨好别人，倒不如好好地反思如何提高自己。如果自己有魅力了，对方会主动过来接近我们。而如果没有个性魅力，再多的讨好也没用的。

如果周围的人不欣赏你，更要学会让自己过得轻松一些。可以对别人的风言风语充耳不闻；对各种打击满不在乎，在感到孤独无助用个人爱好来排遣；可以在被领导批评时大吃一顿；可以在被家人误会时，去公园散步；可以在遭遇失败之时一个人引吭高歌；也可以在没有任何人支持你情况下顾影自怜，对着镜子安慰自己说："没有什么，我相信自己一定会成功的，就算全世界的人都不相信我，至少还有你相信我……"这样，你就会重新有勇气面对生活中的各种不幸与挫折了。

那么，从此之后你可以真正地活出你自己的本来面目，每天过得开心愉快，而不用在意别人异样的目光，也不用讨好别人，对于人生旅程上的风风雨雨只是一笑而过。

3. 偶像可以喜欢，但不必崇拜

随着现代社会的商业化进程，偶像越来越多了，当然这个过程里有真正的偶像，也是些是人为制造的偶像，不管是人为的还是真正的，偶像的作用也是有两面性的。好的一面说，一个人可能因为崇拜偶像而变得更加完美，坏的一面是，人们有可能因为过于崇拜偶像而迷失了自己。

你可能要说，自己实在是太渺小了，个子不比别人高，脑子不比别人聪明，出身不比别人好，意志不比别人坚强，理想不如别人远大，运气也不如别人好，实在没有任何可以骄傲的地方，只有去崇拜别人了。

这是一个很好的理由，不过你要明白，虽然你非常崇拜偶像，不过别人可能根本不知道你的存在，你为他们而花费了大量精力，最终也是没有任何收获。所以你要学会把自己当作一个偶像来崇拜，因为你的一生注定与自己在一起的时间最长，如果你连自己都不喜欢，那么漫长的人生又有什么意义呢？学会崇拜你自己吧，那样会让你更有信心，也能够发挥出自己的更大潜力，会让你对于挫折不再恐惧，对于磨难不再灰心。因为崇拜自己的过程就是肯定自己的过程，人如果不断地进行自我肯定，他就会有更加强大的信心和更快的成长。

崇拜你自己吧，没有人能够代替你，没有人和你完全一样。你的存在本身就是一个奇迹，因为你就像一首歌曲，虽然不知名，却有自己独特的旋律；你就像一首诗，虽然不华丽，却也有自己的独特意境；你就像是一杯酒，虽然不是什么名酒，却也有自己独特的风味；你是一幅画，虽然不是出自大家手笔，不过别有一番风致。

所以，当下一次你被别人问到最崇拜的偶像是谁的时候，你可以大声地说出自己的名字，不要惊慌，也不要觉得有什么不好意思的，更不要担心别人会用异样的眼光看你。是的，你的偶像就是你自己，是你本人，不是别人，不是那些赫赫有名的成功人士，不是成龙，也不是李连杰，也不是周杰伦，也不是郭敬明，当然也不是中国最出名的商业领袖马云，不是篮球皇帝乔丹，不是世界富豪比尔·盖茨。

当你说出崇拜自己的时候，可能会遭到别人的白眼，别人会认为你太自负了，太目中无人了，太自以为是了。不过这也没什么，他们不了解你，你当然也没有必要为了他们而生气。他们不明白其中的道理，你当然也不一定要解释给他们听。是的，你确实非常平凡，没有什么过人之处，你放在茫茫人海里简直不值一提，在世界的大花园里你不过是一根无名的杂草，在汪洋大海里，你不过是一个水珠。确实渺小得不能再渺小了，相貌不出众，才能不杰出，背景不深厚，运气不好，也不会成为别人的偶像，不可能成为大众眼里的"万人迷"式的明星。

正因为知此，你反而更应该崇拜自己。一方面你自己的生活。需要你自己来做主，另一方面，你可以想象一下，这个世界上根本没有任何别的人可能会崇拜你，那么你为什么不进行自我崇拜呢？而对于那些粉丝无数的大众偶像，崇拜他们的人已经很多了，多你一个不多，少你一个也不少，

别说你很渺小，再渺小的事物也有自己的个性。别说自己微不足道，谁都有可能成功，你也可以有机会成为别人的偶像。在这个世界上，你是独一无二的，你也是大自然的一个奇迹。你的头脑和别人一样灵活，只要你愿意付出努力，你愿意承受失败，你也可以像别人一样成功。只要你对于自己有信心，能够真心地把自己当作偶像，真正地崇拜自己，那么你也可以像阿基米德一样用自信与奋斗撬动地球。你的生命之曲，一样会像贝多芬的命运交响曲一样回肠荡气，你的人生也像诗一样华美，像小说一样曲折动人，像散文一样挥洒自如，像戏剧一样扣人心弦。

所以你也没有理由在这广阔的世界里卑微地生活。在人们崇拜他人的时候，你完全可以把自己放在与任何人平等的位置。试想一下，你那么独特，你是大自然的奇迹，你是生命的精华，还有什么比这更值得让人骄傲的？这个理由已经足够了，崇拜自己吧，大胆努力吧，人就要活出自己的真性情，不要那么累，不要认为自己很渺小，你也可以像别人一样成功。

自我崇拜，也要能够包容别人，谦虚谨慎，千万不要刚愎自用，自以为是。当然，任何飞扬跋扈与妄自尊大也是不可取的，你的自我崇拜，不是把自己无限放大。而是一种对自己的肯定和自信，是对于自己的理想的执着追求，是一种自己要主宰自己命运的决心与气魄，是一种对于世界更加开明的认识。

不论你是出生于显贵之家，还是一个平民百姓；不管你是研究生学历，还是

学历较低；不管你是美女帅哥，还是相貌平常；不管你已经非常成功，还是事业正在遭受失败；你对于这个世界而言，都是一个完全独立的个体。没有任何人在人格上是凌驾于你的，你和所有的人完全平等，他们现在拥有的、享受的一切，你也一样可以拥有、享受。

如果不是你真的相信自己的话，可能自己都不知道自己的才能是多么大，无限美好的人生等待着你自己去争取，成功也就在不远的前方。那么赶紧睁开自己的眼睛吧，看看这个世界，别人已经非常成功了，你也可以像他们一样成功，你的眼里不要只有别人的荣光，你可以让别人眼里也有你的荣光，你也可以和他们一样拥有敏捷的思维和卓越的领导能力，不要只等着别人来指挥你。你身上有太多潜力等待着自己去挖掘，有太多可能等着自己去实现。明星不是天生的，是后天培养的，为什么你还只是一味地崇拜他人，却从来没有想过崇拜自己。

上天是非常公平的，将不同的天赋赐给生活在这个世界上的每一个人，而人们也通过自己的努力发挥出自己的不同天赋，最终取得了成功。那些人们所崇拜的偶像当然也是非常成功地发挥了他们的天赋，不过在别的方面，他们也和我们一样普普通通。而我们也有自己的优势，把这些天赋很好地发挥出来，也能够像那些偶像一样成功。而我们之所以没有成功是因为自己把自己的才华蒙蔽埋没了，将大部分时间都给了心目中的偶像，而忽视了发挥自己的才能。

还记得少年时对于明星是多么迷恋么？那个时候自己的小小房间里，总是会贴几幅明星照，觉得看到他们就是一种幸福，甚至如果这个明星是异性的话，我们还会幻想他是我们的白马王子或者白雪公主，现在想一想是不是非常可笑？

当然，这个时代的少年也和我们一样崇拜明星，这本来也是一个充满无限梦想的时期，崇拜明星是很普遍的现象，不过为了他们而忘记自己就太过分了。其实，那些明星之前也和你我一样平凡，他们也并不是天生就注定是明星，是通过自己的努力才达到了今天的成就。他们的能力和地位当然让很多人羡慕，不过也不是遥不可及。

尝试着把自己当作偶像吧，就像你崇拜的那些明星一样，去提高自己，完善自己，这样在不知不觉中，也许有一天你也会和那些明星们一样成功了。

唐代诗人李白是自古以来被崇拜的偶像，他的写诗才华是所有人羡慕的，不过他能够达到这种成就也不完全是天赋的作用，也是经过一番努力才有这种成就的。而在他的各种素质中，除了天才之外，他的自信也是我们所应该学习的，特别是大家耳熟能详的"天生我材必有用"，年少的我们读到这个诗句不知激发出来多少英雄的幻想。李白当初写这首诗的时候，其实人生非常失意，不过他还是相信自己可以成功，因为无论到多么困难的境地，李白始终能够看清一个天赋异禀，独一无二的自我。无论到什么时候，李白也是非常喜欢自己的，于是也就是在这种对于自己的欣赏的心境中，他的才华得到了最完美的展现。

我们可能并没有李白那么突出的文学才华，但是一样可以学习他这种崇拜自我，欣赏自我的人生姿态，就算只是一朵小花，也能为春天留下一阵清香；就算是一滴水珠，也能在大海中浮起波浪；就算只是芸芸众生中的一分子，也可以在茫茫人海之中展现出一个真正的自我。

我就是我，我的偶像不是别人，就是我自己，我不会再对别人的评语有丝毫犹豫，我就是要崇拜自己。这并不是我说多么伟大，我多么不平凡，而是因为我真正地明白了人生的意义，也知道自己的价值在哪里。我要给自己加油，我要主宰自己的命运。

4. 最终还得自己决定

小的时候，父母常常替我们做决定，那个时候我们还没有自理能力，所以需要别人照顾。等到我们长到十几岁的时候，有了自我意识，不再满足于让别人决定我们的生活方式，而是希望自己能够做决定。不过由于那个时候们没有经济自立，并且思想上不够成熟，还是要时时听从父母的安排。对于这一切，有时可能会愤愤不平，非常抵触，然而也只有接受才行。

后来我们真正地长大了，没有父母在自己身边了，真正地主宰自己的生活、掌握自己的命运了，可是这个时候又觉得压力非常大，不敢轻易地决定一些事情了，害怕一个错误的决定会让自己倾家荡产。而在工作中我们也许会对一些领导的决定感到不满，不过最终还是很快地适应了这种工作方式。天长日久，我们也觉得这种方式其实非常好，可以完全不用自己负责，也不用费脑筋去思考，只要执行下去就行了，出了错误有别人承担呢。不过这种思想也会阻碍我们进步，因为我们总是服从别人，却很少自己独立思考，这样我们的思考力还是停留在最开始的时候，工作了很长时间，却还是基层水平。

拿破仑说，不想当将军的士兵不是好士兵。其实当将军也就是能够做出决定，自己指挥整个军队。虽然可能遭受失败，虽然在承受巨大压力，不过最终成功时的那种成就感与自豪感也是常人无法体会得到的。

我们在这个世界上生存，自己的命运自己掌控，自己的生活自己决定，我们需要为自己负责，不需要让别人替代我们自己的思想和行为，也不用别人来操纵我们。快乐是自己的，悲伤是自己的，幸福是自己的，不幸福也是自己的，成功是自己的，失败也是自己的，没有其他人能够代替我们承受，我们要自己作主，自己决定自己的未来。

每个人都是一首歌曲，悲欢离合就是其中的各种节奏变化。每个人都是一首诗，生命中的起承转合组成了整个诗篇。每个人都是一幅画，酸甜苦辣正是画中的各种色彩。每个人也都是一部长篇小说，生命中的成败得失组成了一个个回肠荡气的故事。

当人们总是想着在生活上找到一个依靠的时候，其实他们已经忘却了自己才是自己最大的依靠。依靠别人是有风险的，成功是自己拼搏得来的，失败的痛苦也要自己去承受。别的人可能会给我们提出一些意见与建议，不过他们不能也不愿意代替我们做出决定。甚至就在他们帮我们做决定的时候，心里也是有保留的，有时候他们会害怕如果意见被我们采纳了却没有效果而被我们埋怨。既然这样，我们也不要把命运交到别人手中了，也不要把决定权交给别人了，在生活在大舞台上，我们自己才是这个剧本的主角，也是剧中的导演，最终的好坏是由我们自己决定。

美国前总统罗纳德·里根小时候并不知道这个道理，曾经闹出了一个笑话。当时他的鞋子破了，需要到一家制鞋店定做一双鞋，那个时候流行定做。鞋匠照例也问年幼的里根需要什么款式的鞋子："你是想要方头鞋还是田头鞋？"里根当时也不知道哪种鞋适合自己，他还小，根本分辨不出来两种鞋子有什么区别。鞋匠看他一时回答不上来，于是叫他先回去，等到考虑清楚后再过来做鞋子。里根回到家里，考虑了很长时间，还是不能决定到底做哪种鞋子，于是过了几天，里根再次找到这个鞋匠要求他做鞋。不过等到革鞋匠问他鞋子的款式的时候，里根仍然举棋不定，无法最终做出决定。于是这个鞋匠对他说："好吧，你不做决定，只好我来做决定了，不过你不要后悔。两天后你来取新鞋。"

两天时间很快过去了，里根也如约而至去店里取鞋，不过等到他拿到自己的鞋子的时候，竟然发现鞋匠给自己做的鞋子一只是方头的，另一只是田头的。他穿上之后，根本无法正常走路，而且非常难看。"怎么会这样？"他不由得非常生气，开始质问那个鞋匠，因为他本来一直期望这个鞋匠做出一双能够让他惊喜的鞋子呢，可是没想到竟然是这种结果。

不过鞋匠的话同样理由充分。"等了你几天，你都拿不定主意，当然就由我这个做鞋的来决定啦。其实这是给你一个教训，不要让人家来替你做决定。"这个事情对于里根后来的人生也发生了重大影响。里根后来在回忆录中说："我一辈子也忘不了那件事情，因为从那以后，我认识到一个真理，自己的生活要自己做主。"

不要怕承担风险，不要一直犹豫不决，也不要把希望寄托在别人身上，因为如果自己不做主，就等于把决定权拱手相让给了别人。一旦别人作出了一个错误的决定，一切后果还是要你自己承担，到那个时候后悔也没有用了。事情已经无可挽回，抱怨别人也是没有用的，因为当初是你自己要别人做出决定的。

如果你的父母对你没有太多干涉，总是让你自己做决定，那么开始谢天谢地吧。生活中有很多人根本没有这种环境，他们从出生到上学，直到考上大学，从来都没有为自己做过主，从来都是父母做出决定，所以等到自己终于考上大学，能够远离父母自己做出决定的时候，他们反倒有些无所适从。

一个人真正掌控自己的命运，把握自己的人生，就要有一种主动出击的精神，这样才是对自己生命价值的真正掌握，也才可以在人生旅程出现错误时随时调节。从而最终把握一个正确的方向。

人的成长过程其实也就是逐步自己做决定，逐步做出的决定更加接近现实的一个过程。能够做出适合自己的正确决定是一个人真正成熟的标志，成熟并不是只以年龄来计算的。一个人只有心理成熟了，才是真正的成熟。这种成熟当然与年龄有关，不过却不一定完全一致。

每个人当刚呱呱坠地时当然是完全不能自主的，那个时候连话都不会说，连路也不会走，在这个生命的最初阶段，我们的命运的确掌握在父母手中，如果没有父母照管我们的话，我们早就夭折了。而到了两岁以后，我们的智力与各种能力开始发展了，我们会说话了，会走路了，也有了一定的思维能力，我们可以通过一种属于那个年龄的独特方式来让父母帮助我们实现愿望。比如吃一些好吃的，玩一些好玩的，而这个时候对于能够通过自己的行动实现愿望更有成就感，于是我们变得非常不安分，甚至会因为闯祸而让父母整天担心不已。据幼教专家研究发现，这个时候是培养幼儿的关键时期，因为这个时候孩子开始初步有了自我意识，所以很多事情可以不必要让父母决定，让孩子们学会真正自己做主，给他们一个足够的成长空间。这非常重要，如果让孩子的自主行为受到过多的制约，他们可能会变得非常依赖别人，这显然对于孩子的成长非常不利。

而一个自主意识比较强的孩子通常也比别人更加早熟，当然也能够更加容易取得成功。比尔·盖茨在十三岁的时候就开始完全自己做主了，而那个时候，很多人还生活的父母的照顾里面，如果没有父母对于他的自主意识的关心和培养，后来的比尔·盖茨在上大学期间不会决定主动退学开始创业，也没有后来赫赫有名的微软公司。需要感谢他有一个开明的父母。比尔·盖茨有一个非常优良的家庭背景，他的父亲是一个知识渊博的律师，而他的母亲是一个非常开明的老师，这使得他的成长环境超出了很多人，不仅仅是在经济条件方面，还因为整个家庭那种氛围，而他的父母也一直希望他能够按自己的愿望来生活，并不给他任何压力，也不轻易干涉他的决定。而由于这个原因，一直以来，他的生活也是完全由自己做主，所以当他把放弃读哈佛大学的决定告诉父母时，他的父母也没有任何吃惊的表示，虽然对于这个决定觉得有些突然，不过最终还是非常支持他，而这也是日后的比尔·盖茨功成名就的一个重要因素。

一个人只有自己真正做主，也才能够真正走向成熟，这个过程是多方面的综合成长。首先，这个人要学会规划出自己的人生轨迹，也就是对于自己的一生有一个合乎自己个性的规划。比如自己的爱好特长在哪里，准备把什么工作作为自己一生的事业，而这种工作在未来会有怎样的发展变化，最终前途会是什么样子，关于婚姻有什么期待，对于异性伴侣的性格有什么要求，而对于能够决定人生命运的一些因素，能够分析出它们的真正价值在哪里，哪些对于自己是重要的，哪些是有一定重要性的，哪些是可以忽略的，而自己究竟需要什么，不要什么，对于这一切要心里清楚，就算一时不是特别清楚，通过思考也能够弄清楚。总之，无论对于任何事情，特别是能够决定自己命运的事情，一定要有自己一个独到的看法和主张，知道自己在做什么，知道自己要往哪里走。

5. 活出真性情，不用讨好任何人

林子大了，什么鸟都有，社会上的人际关系也非常复杂。在生活中，一个人要想能够很好地生存下去，需要与人友好地相处，当然在这个过程中难免会发出各种误会或者冲突，对于这些小事情进行一定的隐忍是需要的，为了能够达到一定的目的，有时候也需要应付别人。不过凡事都有一个底线，如果超过了这个底线事情会适得其反。因为自尊心也同样重要，如果一味地适应别人而丧失了自己的尊严，别人也会因此而看不起我们，就算勉强达成目的，其他人心里也对我们有了成见。所以无论做什么事情都要有一定的原则，与人交往更要特别注意这些。

记住，无论到什么时候，自尊心都是不可以丢失的，如果因为过于讨好别人，而放弃了自己的尊严，会更容易被别人忽视。没有人真正尊重我们，最终希望别人帮忙的事情也不可能办到。所以，在生活中不要处处讨好，过于讨好不一定是一件好事，凡事都有一个度，如何超过了这个度就会有非常不好的结果。讨好别人，除了会让自己承受不必要的委屈和痛苦，也会失去了做人最宝贵的自尊，而没有了自尊，别人也不会尊重你了，那么别人对你的一切行为也只是应付而已，答应你的事情可能并不会办到，听你说话也是心不在焉。

不只在工作上和事业上不要讨好别人，在家庭生活中也要有自己的自尊，不要过于讨好对方，家庭成员之间的关系虽然已经亲密无间了，不过和谐关系的达成也都是以双方独立的自尊为基础的。现在生活中有一些全职太太，她们没有明白这个道理，为了家庭付出很多，甚至逆来顺受，忍受各种不平，她们觉得通过这种方式就能换来老公和婆婆的理解。不过却往往事与愿违，非但没有得到任何理解与疼爱，反而因此而更让家里的人忽视，而她们自然也觉得非常委屈。因为在她们在角度看来，为了家庭付出了那么多，应该承受的承受了，不应该承受的也承受了，本来应该有一个幸福美满的人生，却发现自己除了变得身心俱疲之外，根本没有任何好处。于是随着时间的流逝，最终有一天，她们无法忍受这种情况了，难免也爆发了不可收拾的冲突。

当然，也不只女人会这样，现实中也有很多男人为了事业而让自己过于委屈。有这样一位中年男人，他是一家公司的商务代表，在与一家客户公司达成协议之后去参加对方安排的一个庆功晚宴，大家开始喝酒了，当然是为了面子和公司的形象，他不得不喝了很多酒，直到喝醉了。

他的退让实在是过度了，因为参加公司的活动，本来就是自己的义务，不过在对方酒席上，自己可以完全选择不喝酒或者少喝酒，如果遇到什么不好处理的情况也可以临时找一个借口选择中途离席，只要自己言行举止没有过于不当的地方，对方也不会纠缠。他的错误在于一厢情愿地想维系好与客户的关系，总是担心自己如果不答应对方要求会不会影响到两个公司之间的合作关系，于是为了保证生意的合作顺利，他低声下气地讨好别人，不过最终没有任何成果，反而羞辱了自己。

主动讨好别人，并不是一种正常的方法，真正的人际关系是相互尊重的结果，双方真诚地彼此关心，而不是盘算如何算计对方，这样才能有真正良好而健康的人际交往。讨好可以稍稍有一点，但过于讨好就完全没有必要了。那样不仅很容易失去自己，也不会有任何效果。可以想一下，当我们花太多时间去迎合别人、取悦别人的时候，别人会对我们有什么看法，他们会想，他这样委屈自己讨好我肯定有什么不良企图，如果答应了他只会让自己受损失，如果这些利益是应该给他的，他完全没有必要运用这种过度的方式啊，就我们自己来说，这样做真的值得么，就是为了一点小小的利益，这样委屈自己，就算最终得到了想要的一切，这个代价是不是过大了呢。失去最有价值的尊严真的值得么，人生的意义是什么，不就是为了尊严么，舍弃尊严而得到一些短期利益，最终又有什么意义？别人已经因为我们的这种行为而在心里看不起我们了，就算得到了很多利益又有什么用呢？真正的尊严永远大于任何实际利益的价值。

对于与我们关系亲密的人同样需要不卑不亢。特别是在我们希望对我们的爱人、朋友、家人表达爱意的时候更需要如此。在任何付出之前，都要先斟酌一下，自己到底是不是心甘情愿去做的？为了讨好对方而勉强自己值得么，如果是勉强的，那么这种勉强在不在自己的心理承受范围之内，现在通过这种方式获得了对方的好感自己日后想起来会不会后悔？通过这种方式得到的亲密关系会不会长久？在做之前，一定要想清楚了，千万不要后悔。

　　还要记住，一切友好的表示，如果对方真的在乎你，只有你自己是真心乐意去做的，别人也才能受之无愧。因为真正关心你的人也不会那么自私，他会注意你的感受，如果把自己的快乐建立在你的痛苦之上，他会感到坐立不安的。如果发现你其实并非出自真心，对方也不愿意你那么做，在他看来互相勉强也是没有意义的。你也要能够认清楚这一点，能付出多少就付出多少，只要自己有这个心就行了，而对于结果不必过于苛求，不必为了一个不太可能的结果而强己所难。

　　我们来看一个小女孩的故事，或许能够从中吸取一些道理。有这样一个小女孩，由于小的时候爸妈一直在外地做生意；自己由奶奶、爷爷带大的。这个女孩非常聪明，学习成绩非常好，在家里和学校也非常听话，是一个公认的好孩子。不过有一点遗憾的是，由于这个小女孩从小跟着两位老人长大，而老人几乎也是足不出户，造成她从小的生活圈子过于狭窄，身边根本也没什么好朋友，于是小女孩也变得非常孤僻，当然也不善于和其他人交往。她其实非常羡慕别人的伙伴关系，渴望真正的友谊，不过却一直没有机会。

　　等到高中毕业时，这个女孩也非常顺利地进入了自己一直梦想的名牌大学，这个时候要完全独立生活了，她虽然心里很兴奋，不过一想到自己一下子要与很多陌生的人交往，她不禁感到非常害怕。

　　开始的时候，大家也彼此都不认识，这也没有什么，不过渐渐地她发现大家很快都熟了，自己还是孤苦伶仃一个人，于是更加感到孤独了。甚至觉得自己是被别人孤立在集体之外了，别人有什么事情也不通知她，有什么活动也不叫上她参加。为了摆脱这种难以忍受的失落感，也为了尽快融入集体生活，练习自己的交际能力，女孩开始不自觉地讨好别人，与别人说话时总是唯唯诺诺，别人对她有什么过分的举动她也是逆来顺受，希望通过这种方式让大家很快接受她。

　　有时候在路上，她也会刻意要求自己与每一位同学主动打招呼，无论熟悉还是陌生人也都一样。不过很多时候别人由于各种原因没有及时地答应，而这个时候她就会非常伤心，觉得自己的自尊心受到了严重伤害。而为了能够时时地表现自己的友好，她对每个同学都表现出喜欢对方，如果发现自己心里讨厌某个同学了，她就会无法原谅自己，一定要挖空心思想这个同学的各种好处。

　　她总是自欺欺人地认为：只要我向对方示好，对方也一定会对我好，任何人都是可以被感化的，在这一想法支配下，对于别人的困难，她都是第一时间过去帮忙，甚至因此而耽误了自己原来的计划也在所不惜。不过这种行为并没有给她带来好的结果。别人觉得好这个人过于热情了，好像不太正常，还有的人甚至怀疑她别有用心。这样下去，女孩也对自己没有信心了，觉得周围的一切人都是有意逃避自己，于是最终一直在大学里面郁郁寡欢。甚至因为觉得生活没意思一度想要自杀。

这个女孩的故事是非常有典型意义的，尽管我们可能没有她做得那么过分，不过在现实中也确实有很多时候为了讨好别人而失去了真实的自己，以牺牲自尊为代价却没有任何结果，我们对于自己和别人都非常失望，殊不知，这一切都是自己造成的。

我们要明白，一个人首先是为自己而活的，不是为了别人活，如果因为讨好别人而失去自我实在得不偿失。一味讨好别人不仅会让别人觉得不适应，心里看不起我们，还会让别人认为我们有所企图，远离我们。

6. 敏于行而讷于言

在《论语》里，孔子一直教导他的弟子们要少说多做，其经典格言就是君子要能够敏于行而讷于言。因为行动是自己的最好证明，而如果总是滔滔不绝地说，没有任何行动，别人会认为你是一个不实在的人，更何况，有的时候，言多必失，如果你一时说出了一些不该说的话，很有可能会造成不好的后果。西方人也说，沉默是金。沉默是一种真正的人生智慧，是能够实现生命光彩的浓重的一笔。而少说多做正是这一道理的另外一种形态，可以说是在交际场合一个人能够左右逢源的诀窍，也是一个人能够让别人信任的一个最有效的手段。

下面这个故事，故事虽然小，可是其中的道理却是非常深刻的。说的是古时有一个非常弱小的国家向中国进贡，那个时候中国的国力十分强大，一些弱小的国家不得不来进行进贡。不过它们的心里可能并不服气，也会乘机运用一些方法来显示自己国家的力量。

这个小国采取了一个非常聪明的做法，他们先是进贡了三个一模一样的金人，可以说价值连城，鬼斧神工，中国的皇帝一看十分喜欢。这个时候，那个小国使臣却突然提出一个问题，并说这个问题非常简单，在中国这样地大物博的地方不可能没有人懂，中国的皇帝当然也不好意思不让这个人提问，当然也会一边听问题一边想对付的方法。可是他没有想到自己还是被这个使者的问题给难住了。原来那位使臣的问题很奇怪，他竟然问这三个一模一样的金人哪个最有价值。皇帝听了觉得太古怪了，三个金人看起来一模一样，价值也应该一样才对，哪里有什么区别呢。可是那个使者明显是在很认真地提出这个问题。

为了维护泱泱大国的尊严，皇帝赶紧找来群臣商量对策。大家想了好久答案没有想出一个办法，于是有人提出本国还有一个非常有资历的老大臣没有过来，因为他现在身体不适，只能在家休养，如果皇帝能够亲自到他家里的话，应该会有新的答案。皇帝当夜就去找了这个老大臣。老臣听了之后，思考了一会，想出了一个方法，皇帝听了觉得心里放下了一块大石头，于是下令明天当众解决这个问题。等到第二天，皇帝当即命人拿出三根筷子分别从金人的耳中插入，看看它们会有什么不同的反应。第一根筷子很快从金人的嘴里边出来了；而第二个金人的筷子进去之后竟然没有任何反应；第三个金人的筷子进去后也很快从鼻子里面出来了。这个时候皇帝马上说道：很明显，三个金人之中，第二个是最有价值的，因为沉默是金。这个使节听了之后大大夸奖了中国人的聪明。

沉默也是一种谦虚的态度，一个人无论如何聪明，也不可能凭个人的智慧超过许多人。而一个真正聪明的人也必然能够听取别人意见人，在你取别人的意见和建议时，就要保持一定的沉默，如果没听别人说完就大发议论，对别人是一种不尊重的表现。如果对方的观点不可取，也没有必要斤斤计较，还是要对他表示感谢，无论怎么说，能够主动提出一些意见和建议，是关心你的一种表现。而每个人智力水平和思考问题的角度也是不同的，所以也不可能保证每个人意见正好切中要害。对于这些要有一种包容心里，如果当面辩论反驳，对方会非常难堪，也会认为对面是一个没有风度的人，是一个不谦虚的人，是一个过度霸道的人。

还是那句老话，谨言慎行，才是安身立命之本。任何听不进别人意见的人，只会夸夸其谈的人，一定是社交场合的失败者。还有就是当局者迷，旁观者清，所以无论任何时候，就算你已经非常有把握的时候，能够多闻慎言还是好的，这能够防止出现大的失误，从而能够更好地提高自己的见识与风度，保持一种良好的形象。所以"沉默是金"应该是你的座右铭，对于你的为人处世，这可以说有非常好的帮助，如果能够运用得当，无疑会让你在处理人际关系时得心应手，左右逢源。

　　沉默不仅是对于别人意见的一种态度，是与人交往的一种方法，也是提高自己修养的一种方法。世事难料，一些变幻莫测的情况没有人能够预测。而一个人无论是在工作还是在生活中，随时都可能遇到许多突如其来的危机。这个时候恰恰是考验一个人心志的时候，许多人会因为一些小事而灰心失望，甚至会对别人乱发牢骚。

　　一个成熟的人则不至于失去理智，事发突然，可是并不陌生。在工作上的能够影响心情的事情无非是因为与同事间产生矛盾，以致你们之间不能像以前那样默契配合了。还有可能因为一个工作上的失误而被老板训斥，也有可能是新来的员工什么也不懂，无意中破坏了你的劳动成果。

　　当然这些事情非常糟糕，但如果能够看得开一些，就不会因为这些事而影响到原本的好心情了，也不会因一件鸡毛蒜皮的事而唠叨个没完没了，甚至对于家里的人大发雷霆，从而影响到一家人的心情。这种时候，需要调整自己的心情，并领悟沉默的重要性。对一些自己非常不满意的事情的沉默与包容最终会减少不必要的烦恼，从而使得自己与家人保持一个好心情和好兴致，不出现一些无谓的争执。而家庭和睦了，无疑对于事业有很大促进作用。所以沉默也是解决日常烦恼的好办法，甚至是一个人情商真正成熟的表现。

　　保持沉默还能够保护好自己，不致遭到别人的误解，所谓没有不透风的墙，如果你不小心说出了一些对别人不利的话，有的时候引来的误解和冲突是非常严重的。即使你当时说的意思可能并没有那么严重，可是一经过别人的传播就不同了。因为每个人都会按照自己的意思对你的话语进行解释，甚至有些品质不好的人还会故意添油加醋，造成你与别人之间的矛盾。

　　还有种情形是言多必失，有的人为了表现自己的口才而在无意中说出了一些根本没有经过大脑思考的话语。可能当初并没有什么别的意思，也没有不好的用意，可是别人可能觉得是故意针对他说的，甚至因此怀恨在心，在暗中采取一些报复手段，这个时候可以说跳进黄河也洗不清了。

　　真的需要说话时，也要找好一个话题，不要对一些敏感的话题说出太多言语，也不要对别人品头论足，擅发议论。任何人都不会喜欢别人背地里议论他们。所以，沉默是金，可以说是一个人说话做事的良训，无论到任何时候，在与人交往过程中都要能够保持忍耐和适时的沉默，这样那些对你不利的流言蜚语会不攻自破，你的自我保护也会无懈可击。

7. 在沉默中理性爆发

我们也要对于沉默有另外一种理解。形式上的静止并不意味着思考的静止，很多时候，深刻的思想正是源于沉默的思考过程，而夸夸其谈的人好像思维非常敏捷，其实说出来的也许是肤浅的思想，别人听起来根本不会重视。而对于听的人而言，口若悬河也不见得是一件好事，因为语速太快，听的人根本不知道究竟要说什么，不知道话语的重点及思想的核心在哪里，最终的结果只是当作口才的展示，实际却没有任何收获。

滔滔不绝还有可能造成一个人说话时思维不够清晰，快速的说话使得他们没有充足的时间进行说话前的系统思考和语言的组织，这样在说话的时候往往会造成词不达意的现象，思想与感情的交流就不会有任何进展，这也就像我们平常所说的欲速则不达的现象。有人针对这一现象提出了一个观点，要了解一个人的思想，最好是不与他进行交谈，而是首先看下他写的文章，这当然是有原因的。人们在写文章前有足够的时间进行仔细的推敲，思想成熟之后才落笔，所以不会太片面。当然一些思路上的错误他也会在写的过程中进行纠正，所以最后他的思想与观点看起来会一目了然，非常清晰，其实也节约了你的宝贵时间。

由此可见，正确的思想当然需要语言的表达，正确的语言也不是那么容易就形成的，必然需要经过一个冷静的思考过程，不然只是一些只言片语，根本没有任何意义。一个人为什么有两只眼睛，两个耳朵，却只有一张嘴，可能为的是让人能够多看多听多想，而少发议论，少说空话。

沉默并不是对于事实无动于衷，也不是放弃了追求理想，相反即是理想的一个实现过程，甚至也是必然过程。因为沉默才能更好地积累实力，古语所说的"君子厚积而薄发"也就是这个道理，而要实现深厚的积累，必然要求一个沉默的过程，不要只羡慕别人的成功，要知道别人在背后默默付出了那么多，他们能够成功是理所当然的。一个人唯有经过点滴的积累和孜孜不倦的耕耘，才能最终有所收获，成功者的喜悦和胜利者的欢呼永远属于那些最能沉默的人。没有成功之前一个很长时间的沉默与积累，也没有在机会来临之后的爆发。

对于"沉默是金"，也不要过于片面的理解，这并不是教一个人始终缄口不语，对任何事不闻不问，也不是教导一个外向的人要变得内向甚至寡言少语，当然更不是教人故作深沉，而是希望人们在开口说话时一定要经过大脑，不要什么事总是脱口而出。是教导人们要能够经过深思熟虑再表达自己的观点，这样就不会在无意之中说错话而得罪人了。当然这个时候你的观点通常也能够得到别人的理解，而这样的谈话也才是真正有质量的谈话，会让你的思想在谈话中变得更加敏锐，甚至得到升华。

在谈话的过程中保持沉默其实也是一种对于别人的尊重和有风度的展现，保持沉默就意味着你在耐心倾听别人的讲话，同时这也保证了你不会打断别人的说话。一般情况下，打断别人说话是一种没有礼貌的行为，而无论最终你是否认同对方的观点，能够保持沉默已经说明了尊重对方，别人也会因此而欣慰。

当然，这个时候倾听态度也十分重要，一定要真诚，不要心不在焉，那样会让你在别人心里的印象大打折扣的。其实倾听别人说话的过程也是一个自我提高的过程，因为这个世界上的每个人都是独一无二的，对于同样一个事物，每个人的思考角度都是是不同的，所以如果你能够从别人的角度思考，很可能会对于这个事物有更加深刻的理解与认识，甚至可能原本困扰你思路的问题会迎刃而解。当然就算最终没有这么明显的效果，你也能够从另外一个角度来看待问题，无疑也开阔了你的思路，同时你在这个过程中也赢得了别人的好感，甚至很可能交到了一个好朋友，何乐而不为呢？

无论到什么时候，倾听总是比说话要重要的，倾听一来是对于别人的尊重，二来你也能够从别人的观点中得到有用的部分，三来如果你有什么不懂的，这个时候还可能很好地藏拙。总之，如果想提高交往能力，首先需要的不是良好的口才，而是一种倾听的技巧。而这个技巧的第一步就会学会管住自己的嘴巴，学会沉默，了解沉默的真正意义。做到这一步，已经很容易得到别人的认同了，即使没有滔滔不绝的口才，也会有很多人喜欢和你说话。人们更多时候是需要一个倾听的人，而一个"口才"过于好的人往往会让他们感受到压力。

第十章
打发烦恼，让快乐走进生活

生活中总有许多烦恼，我们也因为各种各样的烦恼无法快乐地生活。当然，也有很多人生活得非常快乐，这并不是因为他们的运气比我们好，没有遇到过什么烦恼。而是因为他们在遇到烦恼之后有办法克服它，重新让自己快乐起来。

1. 过去的烦恼，让它烟消云散

幸福的家庭都是相同的，不幸的家庭各有各的不幸。其实人生也可以这样说，幸福的人生都是相同的，不幸的人生各有不同。或者说，人生有这样那样的烦恼。而别的人之所以比我们幸福，并不是因为他们没有遇到烦恼，而是因为他们能够以一种非常豁达的态度对待烦恼，很快地化解自己的烦恼。许多人却没有这种能力，当烦恼到来的时候深深地陷进去不可自拔，这样自然也不会感到幸福了。

人的烦恼各不相同可以说是千奇百怪，五花八门。比如，当今很多人都会因自己记忆力差而烦恼，因为在学生时代，大家都要学习英语，而英语的学习很需要记忆能力，如果这种能力欠缺，学习起来就非常吃力，明明自己下了很大功夫，效果却没有别人好，所以日子一长，就会产生一种自卑心理，觉得上天已经注定自己没有一个好的记忆力了，等于说也剥夺了自己学好英语的机会。于是他们又会非常羡慕那些英语好的人，也都希望自己拥有像他们一样那种超常的记忆力。

其实这是一个大大的误解，他们只看记忆力好的一面，殊不知，如果一个人记忆力太好也会带来麻烦。苏联就有这样一位因为记忆力超常而一直饱受困扰的家庭教师，人们经过测试，发现这个人的记忆力实在惊人，因为他可以很快地记住一长串相互之间根本没有任何逻辑关系完全的词语以及数字。比如你随口说一串数字，他就能够马上重复，并且不会出任何差错。对于这种能力，你可能非常羡慕，不过你无法想象这个记忆力超常的人一直非常苦恼，因为他的这种记忆力使得他对于平日生活中的事情，不论大小是非，就算根本不值得一提的事情也会统统地储存在脑海里，想忘记也忘记不了。这样长期下去，他的脑海中的各种信息多如牛毛，并且相互之间没有联系，完全是杂乱无章地排列着，而等到他需要进行系统思考的时候，总是会发现自己思维混乱、半天也找不到一个头绪，因为太多的信息阻碍他的正常思考，他不能分辨出哪些信息才是主要的，哪些能够最终帮他做出决定，他觉得这种记忆力只是给他带来了无比的痛苦，曾经要医生做出手术消除他的这种能力，不过医生显然无能为力。因此，我们可以看到，任何事情都有两面性，如果你没有太好的记忆力也没有什么大不了的，因为绝大部分人也和你一样，记忆力平常，不过他们也一样能够成功。因为决定一个人最终命运的并不是记忆力，而是这个人的斗志和努力程度，如果你的记忆力实在比不过别人，那么就不要和别人比了嘛，大胆地承认并正视自己记忆力上的不足，然后用比别人更多的时间努力学习，这样最终也会和别人一样成功。其实，记忆力不太好也有有利的一面，对于过去一些痛苦的事情，你也比别人遗忘得更快，也就更加容易生活在一个轻松的环境里面，因为生命中的遗忘也是必不可少的。

学会遗忘吧，这是幸福的一个要素，特别是对于那些让你深深烦恼的事情，现实中绝大部分人之所以过得不幸福，就是因为他们不会遗忘，总是把各种烦恼的事情牢记在心。每当想到这些事情的时候为之黯然伤神、心烦意乱，无法保持平静，当然会过得非常压抑和痛苦，根本没有任何幸福的感觉。

其实完全可以不必这样，我们可以想开一点，人的一生难免会遇到各种挫折与烦恼，当然会产生一些负面影响和心灵感受，不过这个时候恰恰是考验我们自己心态的时候。一个人能够对于这些事情淡然处之，那么可以说经过了一次心灵的洗礼，达到了真正的成熟。在这个过程中，学会遗忘就是一个非常好的办法，特别是对于那些不愉快的经历，遗忘得越快越彻底，你的幸福感也就会越强。忘掉那些失败的记忆，这样你才能重新获得勇气；忘掉那些感情上的失意，那样你会重新找到自己的幸福；忘掉那些不经意的误会，那样你会发现现实是如此美好；忘掉那些不幸的遭遇，那样你会发现社会不是那么残酷；忘掉一切让你感到不愉快的事情，那样你就会拥有快乐的人生。

生活就像是一片拥有无限可能的田野。如果一个人对于过去的失败记忆无法忘怀，终日只会感到心灵的伤痛，他的这片田野上就会生长很多郁积心理毒素杂草，并且疯狂地蔓延，将生活中的快乐和幸福的生长空间完全挤占，甚至把一丝希望的阳光也遮住，使得人生处于一片晦暗之中。

本来外面的世界是阳光灿烂的日子，你可以在这些日子里愉快地生活，快乐地工作，可是你只是将自己禁锢在一个黑暗的囚笼中，总是去回忆那些已经过去的痛苦的事情，这样一来，原来可能幸福的感觉也就会被痛苦的回忆逐渐蚕食掉，只剩下一个没有任何朝气的心态。

当然，这不是说一个人要完全放弃自己的回忆，回忆也是人生的一部分，一个人喜欢回忆过去也是无可争议的，从另外一个角度来讲，这种回忆也会让一个人找到一些经验教训，从而也有利于他将来的进步和成长。但如果这个记忆更多是带来伤心和痛苦，只会让自己意志消沉，对于生命失去信心，总是会产生负面影响的话，那么这样的记忆倒不如遗忘。把这些不愉快的回忆重新翻掘出来，只会让原本还是非常肥沃的土壤里增加了很多烦恼的种子，这些种子以后慢慢长大后还会把那些积极向上的种子挤掉。

而一个聪明者是不会这样做的，如果这些不愉快的种子真的要重生的话，那么他也会想方设法让它们只在过去的坟墓上重生，而不会蔓延到他心灵的田野上。他会让那片田野永远生长愉快的种子，让快乐就像是绿色的青草一样茁壮生长，最终让那些充满了无限美好的希望在这片田野里开花结果。

对于生活中的一些意外的事情，我们处理的时候只求问心无愧即可，也不必过分纠缠于是非对错。看一下佛经里的这样一个小故事，相信你会得到很多收获的。故事说的是有一天，一个小和尚和老和尚一起外出云游四方，小和尚由于是第一次出门，性格也比较内向，从来不敢主动做事，只是在师父后边毕恭毕敬地跟着，师父怎么做，他也跟着怎么做。

有一次，两个人走到河边，发现有一个女子孤独地站在那里，满怀心事的样子，于是老和尚就上去问她发生了什么事情。原来这个女子想要过河去，可是害怕水深，周围也没有桥和船，于是只好在这里等候着，看有没有好心的路人过来帮忙。老和尚听到这里，不再说话，只是马上背起那个女子过了河。女子自然心里非常感激，不过她可能有急事，只是匆匆地道谢之后便离开了。

整个过程全被小和尚看在眼里，他觉得事情有什么不对头，因为规矩是不近女色，师父怎么可以背一个陌生的女子过河呢？这样不是跟他平日里教导我的道理不相符合么，不过他看到师父脸色非常平和，也一直不敢问，不过他心里一直对于这个事情纠缠不清。

两个人又一起走了一段路程，小和尚实在是憋不住了，于是就问师父，师父你不是平常总是说我们是出家人不可以与女子有亲密地接触么，可是刚才你又为什么能背那女子过河呢？弟子感到非常不解，还请师父指教。他的师父听了之后笑了笑，只是淡淡地说，我知道你早就想问了，不过对于这个事情我已经不记得了，因为我在把她背过河过去的时候就已经就放下了，而你却在心里一直背着她还没放下。

这段话很风趣，这种禅意同时也蕴含着深奥而又简单的人生道理，不仅仅适用于出家修行，对于我们的日常生活同样有意义。人的一生像是一次登山的过程，在这个过程中你不停地向上行走，沿途会有无数美丽的风景，风景过后又会有许多坎坷，风景越美丽的地方坎坷也越多，不过最好的风景永远在最高的山顶，必然要经过很多坎坷。那些坎坷也正如一些过去的回忆，你需要随时越过去才行。如果只是一直地牢记在心上，无形之中已经给自己增加很多额外的心理负担。经过的越多，坎坷也越多，负担也越重。这个时候需要你能随时把它们丢掉，最好是一路走来一路忘记，遇到烦恼马上解决，这样才能永远保持一个心灵的平和，保持轻装上阵的姿态，也才会更加容易地到达山顶。

如果做不到这一点，很有可能在半山腰处已经走不动了。对于过去不必太过留恋，过去的毕竟已经过去了，无论是美好的还是失意的，都不可能再找回来了。你所能做的就是好好地把握现在，回忆的作用也只是为了记取一些有帮助的经验教训，对于其他渐渐忘掉就行了，大可不必耿耿于怀，伤痛的记忆除了增加你的负担之外，根本没有任何好处。

2. 学会遗忘，忘掉一切不愉快的事

我们知道，这个世界上有非常奇妙的一个定律：任何组织中，最有活力的东西通常只占其中一小部分，约20%，而其余的80%尽管是数量很多，不过却没有多少价值，都是非常次要的，这就是著名的二八定律。而这个定律对于我们的人生同样适用。人生就像一次登山旅行，在旅行过程中每个人都需要准备一个常用的背囊，它里面会有一些生活必需品。而根据二八定律，背包里面对于旅行真正有意义的也只有一小部分，过多的东西其实根本没有必要，只会增加旅行的负担。把它们统统扔掉才是正确的选择，这个时候千万不要心疼，因为这是为了给你的心灵腾出更多的空间，是为了让你的包袱减轻，也是为了最终能够让你的人生旅程更加轻松。

遗忘在与人交往过程中同样有用。身处这个喧嚣纷杂的社会，每个人都想建立一个良好的人际关系。而想赢得别人的尊重也并非易事，要想让对方对你有好感，必须要让自己首先对别人有好感。而要做到这一点，必须能够遗忘别人缺点和你们之间发生的摩擦。其实人们之间相互打交道难免会有这样那样的冲突，这不是什么大不了的事情，只要双方能够坦然面对，一样可以建立良好的关系。

重要的是你也要学会遗忘别人的过失。如果只是对别人的过失耿耿于怀，在心里也不会对于这人有好感，那么在交往的过程你总会觉得看对方不顺眼，也不可能与对方建立良好关系，甚至还有可能会使双方的关系一直处于僵局。你讨厌别人，别人也会讨厌你，最终你们谁也不理谁了。而这样的结果对双方都是有害的。

学会遗忘，也包括忘记自己过去的辉煌。成功当然值得我们庆贺，偶尔沾沾自喜一下也是无可厚非的，不过一直念念不忘自己的成功就有点说不过去了。那样只会让你变得刚愎自用，自以为是，从此之后也只会满足于现状，不思进取了。

不过很多人却做不到这一点，他们虽然能够忘记自己失意时的尴尬和窘迫，却对自己的成功时刻无法忘怀。其实，成功和失败一样只是过去一段时期的经历。如果老是沉湎在辉煌的过去不能释怀，只是让自己裹足不前，原地踏步了。我们都反感那种总是吹嘘自己过去的人，如果有一个人总是在我们面前说自己年轻那会儿如何如何，自己以前如何如何成功，反而让人感到他当前的失落。

明日黄花已经凋谢，我们需要注意的是当前的美景，过眼烟云无法挽回，让它们在心头永留只是一种于虚妄。成功也好，失败也好，一切已经成为过去，现在还是要一切要从零开始。只有这样才不会陷入一种自我满足中无法自拔，也才能不断取得新的突破，从而跨越到人生的一种新的境界上来，也才能最终保证我们攀登上那个人生最高峰。

学会遗忘也包括自己对于别人的帮助。自己曾经帮助过别人，别人心里其实也是知道的，他也会有心回报，现在不回报也许只是时机不成熟而已。你完全没必要一直把这些挂在心里。帮助别人当然不是为了他的回报，如果总是提起，在对方心目中的形象会大打折扣。所以要学会遗忘，不要念及给别人的帮助，只有这样的处事之道方能获得他人的真正赞许，也才会有好的人缘。

荀子说，"君子博学而日参省乎己，则知明而行无过矣。"今天这句话同样适用。一个人需要不断反思自己的过去，不过这不是为了记住那些辉煌的成功和惨痛的失败，而是为了能够总结失败的教训，总结成功的经验，从而能够更好地发扬优点，克服缺点，最终获得成功。

对于过去发生的事情，要学会的一种心态是坦然接受，也要能够坦然遗忘。过去的已经过去了，失去的无法再追回，得到的也无法永远得到，关键是要从这些过去的经历中总结出经验和教训，最终让自己更加成熟智慧，创造出新的辉煌。善于遗忘，也是为了能够陶冶人的情操，把精力放在当下，保留自己最顽强的斗志，从而才能在回忆的基础上更上一层楼。

3. 不要为自己的不足而徒生烦恼

上天把不同的天赋给予我们每个人，每个人都有一些别人没有的优点，每个人也都有一些自身的缺点。每个人都希望自己是帅哥美女，不过一个人的长相是与生俱来的，根本无法改变。虽然现在有整容的技术，也只是在原有基础之上修补，让你的优点更加突出，却不能完全改变你的模样。再说无论一个人长相如何，和他的成功与快乐不一定有很大关联。每个人的命运掌握在自己的手中成功也好，失败也好，一切都是自己选择的结果。

上天在给你一个方面缺点的时候，也同时给了你另外一个方面的优点。在为你关上一扇窗子的同时，又会为你同时打开另外一扇窗子。不必整日为自己的一些缺点而自惭形秽，每个人都有一些不如他人的地方，你没有发现罢了。只要我们对自己有信心，善于发现自己的闪光点，你也一定能够从自己的缺陷之外发现自己非常有价值的一面。缺点和不足可大可小，这些完全取决于你自己。只要我们能够保持平和乐观的心态来对待人生，时时刻刻发现一些美好的东西，也就能够笑对生活，从而也不再为自己身上的各种不足而心烦意乱。

我们来看下下面的故事。在美国有一位非常著名的女歌唱家，她的歌声，每个人都非常喜欢听。不过她却只敢在别人不能正面看到她的时候才唱。因为她有一个非常难以忍受的缺陷，就是有一嘴龅牙，这使得她的形象大打折扣。每当她唱歌时，她总是非常担心这一点，害怕别人会因为自己的牙齿而不听自己的歌唱。而为了尽量避免这种情况，她在唱歌时也有意避免自己的口张得过大，这样就不会露出难看的龅牙，不过鱼与熊掌不能兼得，如果他既想放声歌唱，又不想让自己露出大牙，那么最终也会因为不能正常发音而使得歌声不再美妙动听。她一直为了这种矛盾非常痛苦，一度手足无措。就在这个时候，有个一直以来支持她的歌迷告诉她，其实她完全不必因为这些而自卑，因为也正是上帝把唱歌的天才给了你，所以上帝才会让你的牙齿不完美，要不然别人肯定会因为嫉妒你而发疯的。其实你的牙齿也没有你想象的那么难看，听众会因为你的歌声而忽视它们。事情根本没有那么严重，是你自己想得太严重了。忘掉自己的龅牙吧，你肯定会成功的。在这个歌迷的鼓励下，这个女孩最终走出了阴影，成为非常著名的歌唱家，而她的牙齿也成了她的一个独特标志而让观众记忆更加深刻。

再看下面的故事：约翰是意大利一家电影公司的电影制片人，他曾经制作了30多部影片，不过成绩平平。他也觉得自己这一辈子只能在影界发展了，虽然没有什么突破，不过这也是他唯一能干的工作。不幸的是有一天他的公司破产了，他也因此丢掉了这份工作，而这也让他感到非常沮丧。他去别的电影公司应聘，招聘官却因为他以前在一个破产的公司工作而不愿意录用他。他整天忐忑不安，不知所措，因为他一直认为自己只适合做电影方面的事，除了这些不知道自己还能干什么。有一天，垂头丧气的他正在一个商场闲逛，无意中碰上了一个过去的同事，不过他现在已经改行，并且干得相当不错。这个时候那位同事开始鼓励他，让他首先要对自己有信心，相信自己也能够在别的方面发展，及时地调整自己的心态，在一个新的行业里面开创事业，这样才能走出了人生的低谷，最终迈向成功的人生。因为东方不亮西方亮，在这一行不成功，不代表在别的行业也不能成功，关键还是自己要对自己有信心，敢于尝试，敢于冒险。

约翰在听了这一番话之后重新获得了生活的勇气，后来进入图书行业，最终成了一家知名图书公司的老板。在回忆自己的成功经历时，他一直对于那次谈话念念不忘："他对我说：'我的朋友，你到底担心什么——事实上，你的本事多得很。你完全没有必要因此而发愁啊'我记得自己当时只是非常沮丧地说：'真的？你不是骗我吧，我有什么别的本事？我觉得自己只能够做电影了。'他于是告诉我：'在我看来，你可以是一个了不起的推销员。你不记得多年来你不是一直兼职推销么？接着他说：'此外，你还是一个对于剧情有非凡感悟力的高手——你不是曾经写过一些影片剧本和剧情评论么，而这和图书非常接近，所以如果你做图书的话，你一定可以成功，因为你的天赋非常明显，而你在电影公司的工作经验也对你进入这一行非常有帮助。大胆去干吧，我的朋友，我看好你，你干这一行一定没问题。'然后他又漫不经心地说了很多话'其实你还可以做别的，总之是担任管理职务，因为你的人缘非常好，所以你可以尝试自己开公司，那样你一定可以大赚一笔，总之，依我看来，你能选择的出路实在太多，问题是你对自己没有信心而已。'"约翰正是听了朋友的这些话，获得了自信，开始重新对自己的过去进行一个整体反思，也开始规划自己新的人生，他决定从做图书推销开始，最终开一家自己的公司。而他终于实现了这个愿望，成为一家图书公司的老总，专门出版有关电影业方面的书籍。

诸如约翰这种人生的迷茫可能是每个人在成长道路上都曾遇到过的，不知道自己的出路在哪里。特别是在自己失业之后，对于从事别的行业也没有信心。其实人生会经历各种各样的失败。不过这也是非常自然的现象，因为这个世界上本来没有十全十美的事物，每个人的人生也不可能完美无憾，总要有一些挫折、失意、不幸、困难、瓶颈、失败、悲伤、泪水等等。你大可不必为此而伤心，人生本来就是欢乐与痛苦共同铸就的。命运的多舛和人生的不幸是必然现象，经历了它们，可以更加成熟，洒脱，自信，豁达。最重要的是始终保持一颗乐观向上的心。只有这样，你才能笑看风云，笑对失败，最终拥有欢乐，拥有信心，这个时候你会发现，一切不再困难，成功也将不期而至。

开心地笑吧，不要对自己的不足有任何不满，不要对自己的缺点有任何抱怨。笑是最美丽的玫瑰，笑是永恒的春天，笑是成功的第一步，笑是幸福的源泉。确实如此，在人生失意的时候不妨笑一笑，这样才可以体现出你的博大心胸。在与别人冲突之后不妨笑一笑，这样才能体现出你的积极与乐观。鲁迅先生说，"度尽劫波兄弟在，相逢一笑泯恩仇"。是啊，人生本来那么多不如意，何苦耿耿于怀呢。在笑声中，你可以把人间的一切成败得失、风风雨雨、恩恩怨怨、是是非非统统抛之脑后，你可以看透沧海桑田的变化，你对于发生的一切也能够更加从容。在笑声中，你也可以流露出自己独立的个性，彰显出你的自信与洒脱，因为没有什么可以影响你的心情。

豁达的胸襟和超人的自信是成功的本钱。笑声中就有一种超然的自信，有一种非凡的魅力。遥想当年，周公瑾在赤壁之战中面临曹操的八十万大军只是从容地大笑，没有任何慌乱，而他最终也大获全胜，可以说，他的笑中蕴含了一代儒将的从容与风度。而曹孟德在自己穷途末路，败走华容道犹能大笑，最终也顺利地杀出重围，回到北方，可以说，他的笑声中也包含着一种虽败犹荣，绝不垂头丧气，相信自己能够卷土重来的是超然而强烈的自信，当然还有一种藐视失败的气度。

他们也都是一个时代的英杰，我们虽然没有那么杰出，一样可以学习他们身上的这种品质。特别是在交际场合，你如果能够始终微笑着对待周围的人和事，会发现有很多人愿意和你交往。而在事业上，如果你能够坦然一点，多笑一笑，那么一切失败后的郁闷也不会打扰你，不会影响你的心情。因为任何不愉快的情绪已经被你开通爽朗的心情所替代。

乐观与悲观，也只是在一念之间。不过，正是这一念之间，却决定人生的发展。一个乐观的态度可以让能你积极面对人生磨难，迅速走出失败的阴影。而悲观的态度只会让消极看待一切，天天怨天尤人，随波逐流。

乐观起来吧，不要总是愁眉苦脸的，有什么大不了的，有什么过不去的，车到山前必有路。乐观起来吧，它可以使你的人生变得更加愉快，也可以让你从单调无聊的生活走出来，获得一个五彩缤纷的人生，告别人生的一切不幸与苦痛，每天生活在一个阳光明媚的日子里。

真正乐观的人也不会奢望自己的人生道路一帆风顺、平平安安，或许那样太平淡无奇了，没有任何曲折与美感。他知道人生有狂风暴雨和惊涛骇浪，已经做好迎接万难、战胜一切的准备，挫折来临反而更能激发他的斗志。无论多少风雨，他一直保持"笑面人生"的心态，对于纷繁的世俗中的许多尴尬与不幸，也一笑置之，完全不放在心上。对于生命中的一切境遇，无论是好是坏，是圆满还是凄美，是得意还是失意，是成功还是失败，在他看来只是一个美好的风景的组成部分，他相信，无论在生活多么起伏不定，会有一个美好的结局。

4. 时不时来个自我解嘲

人生之不如意事常有八九，你不妨学习一下自我解嘲，用一种幽默的态度对待那些不如意的事，会发现眼前豁然开朗，没有什么能够真正影响你的心情了。学会运用幽默也是人魅力的一部分。幽默可以化解很多烦恼，幽默可以说是人生不可或缺的一道风景。幽默也可以让你化解不利局面，让你的拥有一种睿智者的宽容的风度，让你永远觉得充满活力，从而拥有快乐人生。幽默还是帮助你处理生活中的各种烦恼与矛盾的高手，让一切不快变成欢声笑语。

不同的场合需要不同的幽默方式。如果能够在适当的场合与时机最快速地找到一种最合适的幽默方式，那么它一定可以起到非常神奇的效果。如果你是与一个陌生人进行交流，适当的幽默能够缓解双方的拘谨氛围，让彼此不再那么客气，从而也更容易接受对方。

如果是在公司，你是一个管理者，那么一个善用幽默的经理一定会比一个总是一脸严肃的经理更有领导魅力，也更容易获得下属的拥护，从而你的管理也会更有效力，因为幽默的魅力已经在他们心里获得了一种认同与追随。同时，一个领导的幽默还可以拉近自己与员工的距离，使自己的形象更加和蔼可亲，从而也使下属能够与自己齐心合作，敢于在自己面前说出实话，这可以说是提升领导力的一个关键。现在很多管理学者已经认识到这一点，他们也纷纷建议领导们尝试进行幽默管理，也就是在严谨的工作中恰如其分地运用一些幽默，当然这不是说对于工作的要求放松了，而是巧妙地将幽默的人性与管理的严肃结合起来，使得整个公司的工作氛围不再那么压抑严肃，而是生动活泼，才可以在更大程度上调动员工的积极性。虽然管理向来是科学严谨的，它并不排斥幽默的存在，或者可以说，正是因为管理一向是严谨的，他才更加需要幽默的调节。因为适当的幽默可以在管理过程中发挥一个调剂的作用，使得员工更加容易接受。再进一步，也可以增强整个团队的凝聚力，减少员工之间的摩擦，加强团队成员的默契程度，最终提高部门沟通的效率，培养员工的荣誉感和自觉性，从而也缓解了工作中不必要的压力。许多员工在工作中还是有一种紧张感，不过同时他们也拥有了一种愉悦感，这对于他们能够创造性地完成工作任务是非常必要的。

严谨认真是一种工作态度，而灵活自如也是必不可少的，幽默可以在工作中发挥一种润滑剂的作用，让两者完美地融合起来，从而实现工作效率的最大化。

在日常的生活中，我们也要学会时不时地运用幽默。一个幽默的人在不经意之间所表现出来的一种诙谐气质非常迷人，可以说是双方获得愉快情感的一个催化剂。不过还有很多人没有意识到这一点，甚至根本就不知道什么是真正的幽默，也不知道怎样恰当地运用幽默。

有些人为了表现出幽默感，说话时故意装腔作势，哗众取宠，说一些故弄玄虚，模棱两可的话语，结果却往往适得其反，引起听众的极大反感，就算偶尔让他们发笑了，往往是一种嘲笑，而不是真正的会心一笑。真正的幽默根本不需要对语言进行过于华丽的装饰，也不需要在说话时刻意手舞足蹈进行没有必要的夸张表演，它是非常自然的态度，是在平等从容的过程中表现出来的天赋。运用幽默也不仅仅是为了让听众哈哈大笑，而是为了使语言不再那么呆板，不再那么平淡，让思维更加富于形式和节奏上的美感。而那些不会正确运用幽默的人显然没有注意到这一点。所以他们的行为不仅没有让别人获得美的体验，反而让别人把他当作一个笑料看待，对于这一点，我们是一定要力求避免的。因此，如果我们想要运用幽默时，一定要事先好好地想一想，如果没有那么高的水平，还是不运用罢。而在需要用幽默的时候，一定要非常注意当时所处场合的气氛，也要明确听众的层次，确定听者是否具有幽默的禀赋，对于各种幽默方式有怎样的理解程度，能够接受哪种程度的幽默，知识水平达到一种什么高度。并且一定要看清场合，因为一些场合并不适用于运用幽默。比如比较正式的场合，我们就要表现出一定的庄重与优雅，而不是用幽默。而在随意轻松的场合，比如公司聚会，朋友结婚，家庭聚会等等，就可以得随意一点，这个时候运用幽默越多越好。

幽默的另外一种表现方式就是自我解嘲，而这种方式可以让自己从一个不利的环境中全身而退。古希腊有一个非常有名的哲学家叫作苏格拉底，就是运用幽默进行自我解嘲的高手。一次大哲学家苏格拉底正在大街上和他的学生讨论问题，讨论到高潮的时候，他那个河东狮吼式的太太却突然从楼上提起一盆凉水直接往苏格拉底头上一倒，结果苏格拉底立即被全身淋湿了。当时所有的学生看到这个情景都瞠目结舌，不过苏格拉底完全不在意，反而风趣地说："你们大家都看到了吧，我早就说过了，闪电之后，必有倾盆大雨。"这样一个原本在很多人看来可能非常难堪的场面，一下子被苏格拉底的幽默巧妙地化解了，他的学生也对于这种能力佩服得五体投地。

同样在社交场合，运用幽默也可以给对方一个台阶，让大家避免陷入一种尴尬的局面。有这样一个故事。在一次公司的欢迎招待会上，当时高朋满座。这个时候服务员开始给客人倒酒，不过他一不小心竟然将一杯红酒倒洒在一位重要客人的头上，而那个客人头上没有头发，是个光头。这个时候服务员顿时吓呆了，完全不知所措，他开始担心自己会不会因此而被免职。当时全场人一下子鸦雀无声，显然都不知道这种场合应该怎么处理，想笑也不敢笑，一个个只是目瞪口呆地愣在那里。而就在此时，这位客人摸了摸自己的光头，然后十分轻松地说："小弟，感谢你，不过这种酒真的不能治疗脱发，下次你可要记住了。"在场的人情不自禁哈哈大笑起来，一致为这个老板的机智谈吐而热烈鼓掌，整个尴尬局面一下子烟消云散了。而这位客人也成为全场最受关注的一个人，因为面对这种不利局面，他能够冷静沉着，最终借助自己的幽默谈吐反败为胜，既展现了自己的机智与大度，又巧妙地给了那个服务员台阶下，最终大家都摆脱了窘境。

西方人一向是崇尚幽默的，甚至一个幽默的总统可以赢得更多支持。美国总统里根之所以被大家怀念，除了他的执政能力之外，还有他那种一向幽默风趣的谈吐。他的幽默是无处不在的，甚至面对死亡的威胁也能从容不迫。当时是在1981年，里根总统不幸遇刺，住进了医院进行治疗，他的夫人南希担心异常，立即前去探视。她的脸色显然非常忧伤，不过她没有想到的是里根看到她时竟然把卡在脸上的氧气罩掀了起来，然后微笑地说了一句："宝贝儿，我忘了猫腰了！"夫人吃了一惊，她没有想到自己的丈夫面对这种伤势还能够开玩笑，不过她那个原来绷紧的神经不再那么紧张了。而这句话也迅速流传起来。而"我忘了猫腰"这句话也是有来历的，据说来源于美国一个著名的拳击手。在一次比赛中，这个拳击手不幸被对手击败，而当他的妻子过来安慰他时，他反而说道："宝贝儿，没有什么可担心的，只不过刚才他打我的时候，我本该猫腰躲一躲的。可是，那个时候偏偏让我给忘了。放心，下次我不会忘记的。"里根正是把这个典故巧妙地运用了一下，结果一下了缓解了当时紧张的气氛，把忐忑不安的妻子和护士们全部都逗乐了。后来手术也进行得非常顺利，里根得以幸免于难。

大胆地运用幽默吧，大胆地自我解嘲吧，日常生活中总有许多不快，只要你能够多点幽默，这些不快就不会困扰你，你也能够过得更加快乐，会觉得自己生活不再那么苍白无趣。你会觉得自己的生活充满了各种美丽的色彩；同时你也会觉得自己与人交往时左右逢源。如果你与同事发生冲突了，你也可以运用一下幽默，就会发现事情没有你想象的那么严重，马上可以化干戈为玉帛，你们原来非常紧张的关系也会变得亲密无间。而如果你能够随时幽默一下，能够自我解嘲，会感叹人生如此美妙。

5. 换个角度看烦恼，就会获得轻松

"横看成岭侧成峰，远近高低各不同"。任何事情都具有多面性，如果能够从不同的角度来看它，也会得到不同的结果。很多时候，我们也只是看到它的一面而已。其实，如果我们换一个角度看待事情，生活中就少了很多烦恼。从另外一个角度来讲，有了烦恼不失为一件好事，在克服烦恼的过程中，你的心态得到了磨炼，你的智慧得到了提升，你的心胸得到了拓展，你的气质得到了升华。对于生活中的各种难题也不必在一个角度苦苦寻觅，为事实上问题并没有你想象得那么复杂，只要你换一个角度来思考，或许可以找到这个问题的答案。而对于一时的困境也不必担心，山重水复疑无路，柳暗花明又一村，困境只是一时的，只要你能够走过这个时期，美好的未来就在前方。

成功与失败是密切相连的，成功中有失败的种子存在，失败中也有成功的种子存在。人生的处境也是一样，顺境与逆境也是相对而言的，没有永恒的顺境，也没有永恒地逆境。顺境之后可能是逆境，逆境之后也会是顺境。一个人要能在逆境之中看到顺境的希望，能够在消极之中看到积极的一面，能够在失败之时看到成功的希望，也能够在成功之时预感了失败的因子。而这也是一种真正的处世智慧，是对于宇宙人生的深刻洞悉。一个人如果有了这种思想，那么他将无往而不利。

逢年过节，亲朋好友之间互相送祝福，总是祝对方一帆风顺，心想事成。不过我们也都知道，这只是一个美好的祝福而已。现实中每个人的生活都不可能如此。天有不测风云，什么意外都可能发生，而人生之不如意也事常有八九，种种不幸、痛苦、失败、忧愁、无奈、误会、冲突时不时地会发生。需要防范的是在它们发生之后意志消沉，不知所措。我们需要一种平和的心境来面对它们，而不是逃避它们。在这些事情发生之时，我们要做的不是怨天尤人，不是埋怨生活多么不公平，埋怨自己运气多么坏，更不是垂头丧气，萎靡不振。应当宠辱不惊，淡然处之，在失败之时能够重整旗鼓，从头再来。这才是一种真正的坚强与自信的人生态度，也是决定一个人最终能够有所成就的关键因素。生活本身并没有感情，不过它却能够针对你的表现做出各种回应，如果你对它笑，那么它也会对你笑，而如果你对它哭，那么它也会对你哭，就像是一面镜子一样。

生活中，可以遇到各种遭遇不幸的人，我们可能对他们非常同情，不过更应该做的是帮助他们改变人生态度，能够快乐地生存下去。我们通常觉得盲人会非常不幸，因为他们无法看到这个丰富多彩的世界。有这样一个盲人，他因自己忽然双目失明而终日郁郁寡欢，伤心无度，甚至一度想要自杀。不过这个时候，一个老人说了一句非常有哲理的话改变了他的人生看法，也改变他的一生作为。这个老人说："听着，孩子，其实我们每个人都是被上帝咬过一口的橘子。所以我们每个人都是有缺陷的。不过大家的缺陷大小不一样，有的人缺陷比较大，并不是因为上帝对他不好，要惩罚他，而是因为上帝对于他特别偏爱而已。" 这个盲人他听了老人的话，得知自己的不幸原来并不包括绝望，从此对于生命也不再抱怨了。他从中受到了莫大的鼓舞，对于生活中的一切也都能够用一种积极的眼光来看待，最终也不再颓废了，甚至主动开始向自己的命运挑战，决定开始全新生活，活出自己的精彩。而在此之后，他开始学习按摩技术，最终通过不懈的努力，成了一位非常有名的盲人推拿师，每次都能够赚很多钱，而大家也都喜欢找他来按摩。因为在这个过程中，他不仅能够给别人带来身体上的舒适，也能够和别人进行心理沟通，从而帮助他们从病痛中走出来。那些感到自己不幸的人们看到一个盲人都能够如此乐观，明白自己也没有必要再悲观下去了。而他在这个过程中不仅得到了金钱，也感到了精神上的充实和快乐。

我们每个人要想能够事业成功，人生幸福，也是需要别人帮助的，要想得到别人的帮助，首先要帮助别人。不要为了一时的得失而斤斤计较，也不要因为帮助别人可能浪费自己的时间而苦恼。换个角度来看待这个问题，我们能够在帮助别人时付出的越多，就更有牺牲精神，在对方获得帮助的同时我们也收获了心灵的愉悦。

如果明了这点，就会发现自己与别人相处的时候总是天堂，而如果人只是自私自利，那么人际关系也会如地狱一样阴冷黑暗。曾经有一个人非常想要知道天堂与地狱究竟有什么区别。于是上帝答应了他这个要求，把他先送到地狱里，他看到那里的人围在一个大桌子旁边吃饭，桌子上的饭菜相当丰盛，不过他们每个人面黄肌瘦。他发现原来他们每个人使用的勺子都太长了，所以虽然都是争先恐把饭往各自的嘴里送，却根本无法送到自己嘴里，后来他又来到天堂，那里的人也正在围绕着一个桌子吃饭，桌子的饭菜也和地狱里的饭菜一样丰盛，不过人们却一个个身强力壮，面色红润，精神抖擞。而他仔细观察发现，天堂里的人也是一样使用非常长的勺子，只是他们对于勺子的运用不同，他们不是把勺子里的东西送到自己嘴里，而是喂到旁边人嘴里，这样他们每个人都吃得非常香！

这个道理无疑是发人深省的。看上去天堂和地狱并没有什么不同，两个场所拥有相同的食物，吃饭用的工具也一模一样，不过两者的结果却天壤之别。根本原因还在于天堂和地狱里的人不一样，也就是说仅仅是他们各自做人理念的差异，造成了完全大相径庭的结果。天堂里的人能够为对方着想，也能够主动为对方付出，所以他们也得到了非常丰厚的回报，而地狱里的人总是自私自利的，害怕自己吃亏，只想自己沾光，因为担心自己主动示好会让对方占便宜而不愿意为对方服务，最终大家一个也活不下去。

人生也是一样的，现实中有的人周围有很多人帮助，有的人周围却没有一个人帮助，这并不是说前者遭遇的都是好人，而后者遭遇的都是坏人，而在于两者的做人原则不同。这个世界上决定命运的也只能是自己，你主动关怀别人，别人都会主动关怀你。所以不要怕吃亏，从另外一个角度来看，吃亏也是福气。

对于自己的不幸与幸运，对于自己的长处与短处，也要用一种辩证的眼光来看待。有的时候，长处和短处也是可以相互转化的，短处如果运用得当，也会变成长处。汤姆是哈佛大学的学生，他的成绩非常好，同时也是学院里一个优秀的棒球队队长。他原本计划自己毕业之后进入军队发展。不过无情的现实打碎了他的美好愿望。在一次旅游时，一次意外使得他从高处跌落下来，从此右腿残疾。他的军队梦想不可能实现了只能非常无奈地接受这个事实。不过他一直觉得从此之后不能在棒球场上运动是最大的损失，过去球场上的风光看来只是作为陈年往事回忆了。不过他还是一有机会就到球场上去，虽然在此后的棒球赛中，他只能在外面看着，不过他可以为大家加油。

这也给我们这样一个真理，那就是一个人受自己缺陷的限制不是注定的，可以根据自己的处理方式不同而有不同的结果。关键取决于你的心态，只要你能够最大限度地发挥你所具有的长处，而不是老想着你的短处，就不会一直因为短处而烦恼，从而也获得和别人一样的人生。

一个人要学会改变自己看待问题的角度，改变自己的心态和习惯。环境是客观存在的，我们无法改变，不过我们却是自己的主人，完全可以改变自己去适应环境。过去的一切已经无法改变，不过我们可以改变现在的做法。虽然我们无法改变别人的想法，不过至少我们可以改变自己的想法。虽然既成的事实已经无法改变，不过我们可以改变生活的态度。而在你开始主动改变自己的同时，也会发现自己适应环境的能力越来越强，最终也拥有了改变环境的能力，而这也是你最终能够获得成功与幸福的最好方法。

幸福人生的舍得大智慧